필드가이드

꽃 Wild Flower 봄

현진오

JN419657

현진오 1963년 제주도 시골에서 태어나서 어릴 때부터 식물들을 가까이서 보며 자랐다. 1982년 서울대학교 생물계열에 입학할 때는 우리나라에 유전공학 붐이 일기 시작할 즈음이었지만, 그럼에도 불구하고 식물만을 공부하기로 작정한다. 서울대학교에서 식물분류학을 전공하여 박사 과정을 수료한 후에 등산잡지 기자로 일하면서 글쓰기와 사진찍기 수업을 쌓았다. 순천향대학교 대학원에 다시 입학하여 2001년 보전생물학 전공으로 박사학위를 받았다. 우이령보존회, 한국내셔널트러스트 등의 시민단체에도 참여하고 있으며, ㈜동북아식물연구소 소장으로 일하고 있다. 꽃산행이라는 신조어를 만들어 내어, 그 이름으로 책을 만드는가 하면 직접 식물탐사 여행을 안내하기도 함으로써 우리 꽃 사랑의 전도사로서의 몫도 톡톡히 하고 있다. 〈봄에 피는 우리꽃 386〉〈사계절 꽃산행〉 등 20여 권의 책을 냈다.

필드가이드 꽃 · 봄

초판 1쇄 인쇄 2010년 2월 8일
초판 1쇄 발행 2010년 2월 22일

펴낸곳   필드가이드
펴낸이   이종렬
지은이   현진오
주 소   서울시 용산구 한강로 1가 50-1 용산파크자이 D-1825
전 화   02.6375.2665 ｜ 팩 스   02.6375.2664
출판등록   2006년 5월 29일 제302-2006-00032호
디자인   김경화

©현진오, 2010 ISBN 978-89-93204-02-5 06480
정가 12,500원 지은이와의 협의로 인지는 생략합니다.

차례

꽃의 정의

꽃은 속씨식물의 생식기관이다. 속씨식물인 쌍떡잎식물과 외떡잎식물에서만 '꽃'이 필 뿐, 겉씨식물(나자식물)인 소나무와 은행나무, 양치식물인 고사리와 고란초, 이끼류인 솔이끼에서는 꽃이 피지 않는다. 속씨식물을 다른 말로 '꽃 피는 식물' 또는 '꽃식물'이라 하는 이유는 다른 식물들과는 달리 생식기관으로서 유일하게 꽃을 만들기 때문이다. 꽃은 꽃잎, 꽃받침, 암술, 수술 등 4개 부분으로 이루어져 있다. 이들 부분이 모두 갖추어진 꽃이 있는가 하면 이들 가운데 몇몇 부분이 없는 꽃도 있다. 수술 없이 암술만 있는 암꽃, 암술 없이 수술만 있는 수꽃이 따로 피어 성(性)이 분화되어 있는 식물도 많다.

꽃의 구조

꽃은 꽃받침, 꽃잎, 수술, 암술 등 4부분으로 되어 있다. 꽃 주변 기관으로 꽃과 줄기 또는 꽃대를 연결해 주는 꽃자루, 꽃 전체를 보호하는 역할을 하는 꽃싸개 등도 있다. 꽃들이 모여 있는 상태 또는 모여 있는 꽃들을 포함한 전체를 꽃차례 또는 화서라고 한다.

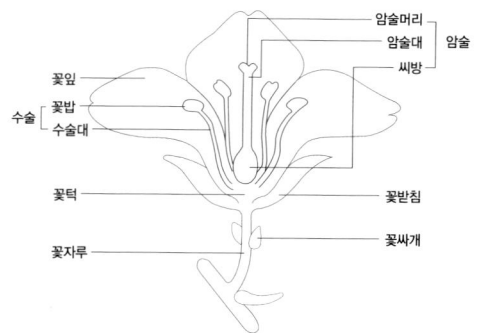

꽃받침은 꽃의 가장 바깥쪽에 있는 부분으로 다른 부분을 보호하는 역할을 하며, 보통은 화려하지 않지만 어떤 경우에는 꽃잎처럼 되어서 모양과 색깔이 화려하기도 하다. 꽃잎은 꽃받침 안쪽에 있는 부분으로서 꽃을 예쁘게 보이도록 하고, 안쪽의 수술과 암술을 보호하는 역할도 한다. 꽃잎에 무늬가 있는 경우도 있는데 이것은 벌과 나비가 쉽게 앉을 수 있도록 유도하기 위한 것이다. 수술은 꽃가루를 만드는 곳으로 수술대와 꽃밥으로 이루어져 있는데, 꽃밥

속에는 꽃가루가 많이 들어 있다. 암술은 꽃의 가장 중심에 있는 부분으로서 씨방, 암술대, 암술머리로 이루어져 있다. 씨방에는 밑씨가 들어 있어서 나중에 열매가 되며, 암술머리는 수술에서 온 꽃가루가 붙는 곳이다.

하지만, 모든 꽃이 꽃잎, 꽃받침, 수술, 암술 등 4부분을 모두 갖추고 있지는 않다. 4부분이 모두 있는 꽃을 갖춘꽃이라 하고, 그 가운데 하나라도 없는 꽃은 못갖춘꽃이라고 한다. 갖춘꽃에는 제비꽃, 왕벚나무, 찔레나무, 진달래, 무궁화, 민들레, 해바라기 등이 있다. 못갖춘꽃은 꽃잎이 없는 꽃, 꽃받침이 없는 꽃, 암술이나 수술 가운데 하나가 없는 꽃, 암술과 수술이 모두 없는 꽃 등으로 구분할 수 있다. 꽃잎이 없는 꽃으로는 노루귀, 너도바람꽃, 족도리풀, 보리수나무 등이 있고, 꽃받침이 없는 꽃으로는 얼레지, 처녀치마, 둥굴레, 금난초 등이 있다.

꽃잎과 꽃받침이 모두 없는 꽃으로는 홀아비꽃대, 약모밀 등이 있고, 암술이나 수술 가운데 하나가 없는 꽃으로는 생강나무, 눈빛승마, 으름덩굴 등이 있으며, 암술과 수술이 모두 없는 꽃으로는 산수국과 백당나무의 무성화 등이 있다.

〈잎의 모양〉

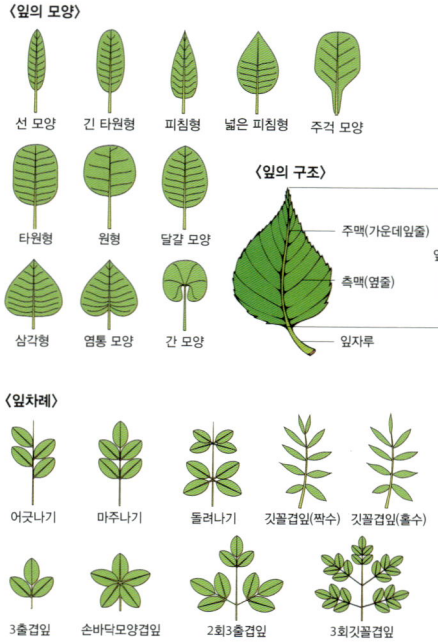

선 모양　긴 타원형　피침형　넓은 피침형　주걱 모양

타원형　원형　달걀 모양

〈잎의 구조〉

주맥(가운데잎줄)

측맥(옆줄)

잎몸

잎자루

삼각형　염통 모양　간 모양

〈잎차례〉

어긋나기　마주나기　돌려나기　깃꼴겹잎(짝수)　깃꼴겹잎(홀수)

3출겹잎　손바닥모양겹잎　2회3출겹잎　3회깃꼴겹잎

〈꽃차례〉

| 취산꽃차례 | 머리모양꽃차례 | 산형꽃차례 | 총상꽃차례 | 원추꽃차례 | 밀추꽃차례 |

| 이삭꽃차례 | 산방꽃차례 | 단축꽃차례 | 육수꽃차례 | 윤생꽃차례 | 배상꽃차례 | 꼬리모양꽃차례 |

〈아이콘 보기 - 생활형〉

| 직립형물 | 복와상물 | 덩굴식물 | 분지형물 | 기는줄기물 | 땅속기는줄기물 |

| 로제트형물 | 일시로제트형물 | 유사로제트형물 | 추수식물 | 부엽식물 | 침수식물 |

| 부유식물 | 떨기나무(관목) | 작은키나무(아교목) | 큰키나무(교목) |

일러두기

1. 이 책은 우리나라 산과 들에서 볼 수 있는 풀과 나무 가운데 봄에 꽃이 피는 260가지를 수록했다.

2. 식물의 배열 순서는 양치식물을 포함하여 모든 관속식물의 진화적 유연관계를 반영하여 배열한 엥글러의 분류체계를 따랐다. 하지만, 이 순서는 과科의 배열까지만 적용했다. 독자들이 식물을 쉽게 찾을 수 있도록 과科내에서는 속屬과 종種의 배열을 알파벳순으로 했다.

3. 학명은 국내외 학자들의 최신 연구 결과를 수용했다. 필자의 견해를 조심스레 밝힌 것도 있지만, 이 경우에도 신조합 등 새로운 분류학적 처리는 가급적 유보하고 국내외 학자의 기존 견해 가운데 필자의 생각과 가장 가까운 것을 채택했다.

4. 식물의 특징을 설명하는 기재문은 일반인들이 이해하기 쉬운 말과 문장으로 쓰려고 노력했다. 그럼에도 불구하고 아직 어렵고 낯선 용어들이 많이 남아 있는데, 이것들에 대해서는 용어설명에서 밝힘으로써 필요할 때 참고할 수 있게 했다.

5. 설명문과는 별개로 색깔 있는 네모 칸을 두어 생육지,

식물형, 크기, 개화기, 결실기 등의 특징을 한눈에 알
아볼 수 있도록 했다.

6. 사진은 부득이한 몇몇 종을 제외하고는 모두가 자생지
에서 촬영한 것을 사용했다. 식물원 등 다른 곳에 이식
된 식물은 형태가 달라질 수 있기 때문이다.

7. 봄꽃 260가지를 각각 한 쪽에 걸쳐 다루었으며, 편집
은 다음과 같은 체제로 이루어졌다.

쇠뜨기

Equisetum arvense L.

들판에 큰 무리를 지어 자라는 모습을 흔히 볼 수 있는데, 땅속줄기를 벋으면서 왕성하게 번식하기 때문이다. 밭에서는 퇴치하기 어려운 잡초가 되기도 한다. 양치식물의 일종이므로 꽃 대신 포자로 번식한다. 포자가 달리는 생식줄기와 엽록소가 있는 영양줄기가 시기를 달리하여 따로 나온다. 생식줄기는 이른 봄에 나오며, 끝에 긴 타원형의 포자낭 이삭이 달린다. 포자낭 이삭은 육각형 포자잎이 여러 개 연이어 붙어서 거북등처럼 되며, 각각의 포자잎에는 6-7개의 포자주머니가 달려 있다. 생식줄기는 삶아서 나물로 먹기도 한다.

포자낭 이삭

생식
줄기

생육지	산과 들의 양지
식물형	여러해살이풀
크 기	30-40㎝
개화기	3-5월
결실기	3-5월

개박달나무

Betula chinensis Maxim.

만주와 북부지방에 주로 자라는 나무지만 남한의 높은 산에서도 볼 수 있다. 중부 이북의 높은 산에 분포하는데 주로 바위가 발달한 능선에 많다. 바위 능선에 생육하는 경우에는 높이 3m 이내의 떨기나무로 자라지만, 높은 지역의 숲 속에서는 키가 10m 이상 되는 큰키나무로 자란다. 남한에서는 주로 떨기나무로 자라지만, 덕항산 등 석회암 지대에서는 떨기나무로 자라는 것과 큰키나무로 자라는 것을 함께 볼 수 있다. 꽃은 암수한그루로 피는데, 수꽃 차례는 아래로 드리운다.

생육지	높은 산의 능선과 숲 속
식물형	낙엽 작은키나무
크 기	2-8m
개화기	4-5월
결실기	9-10월

암꽃
차례

수꽃
차례

서어나무

Carpinus laxiflora (Siebold et Zucc.) Blume

황해도 이남에서 자라는 큰키나무로서 중부
지방의 극상림에서는 군락을 이룬 모습을 볼
수 있다. 줄기가 울퉁불퉁하여 사람의 근육
처럼 자라는 경우가 많다. 줄기 껍질은 회색
이며, 보통 매끈하지만 늙은 나무에서는 껍질
눈이 발달하기도 한다. 잎에는 옆줄이 10-13
쌍 있으며, 뒷면 잎줄의 잔털을 제외하고는
털이 거의 없다. 꽃은 암수한그루로 피며, 암
꽃과 수꽃 모두 꼬리모양꽃차례를 이루어 달
린다. 암꽃차례에는 암꽃이 성글게 달리고,
수꽃차례에는 수꽃이 빽빽하게 달린다.

열매
차례

생육지	숲 속
식물형	낙엽 큰키나무
크 기	15-20m
개화기	4-5월
결실기	9-10월

소사나무

Carpinus turczaninowii Hance

남해안, 서해안, 강원도, 북부지방에 자라는 작은키나무다. 학자에 따라서는 남해안과 서해안 일대에 자라며 열매차례가 짧은 것을 구분하여 한국 특산종인 소사나무, 북부지방과 강원도에 자라는 것을 산서어나무로 구분하기도 한다. 남해안과 서해안의 섬에서는 이 나무가 순군락을 이루어 자라는 모습을 흔하게 볼 수 있다. 강원도 내륙에서는 영월, 정선 등 석회암 지대에서 발견되며, 일본, 만주에도 분포한다. 두 분류군을 통합할 때는 산서어나무보다 일찍 사용된 소사나무라는 우리말 이름을 쓰는 것이 바람직하다.

잎눈

잎

수꽃 차례

생육지	숲 속
식물형	낙엽 작은키나무
크 기	2-5m
개화기	5월
결실기	10월

너도밤나무

Fagus japonica Maxim. var. *multinervis*
(Nakai) Y. N. Lee

울릉도에 숲을 이루어 높이 20m 이상, 둘레
3-4m로 크게 자란다. 줄기를 자르면 주변에
서 어린 줄기가 많이 돋아나는 성질이 있으므
로 울타리에 심어 나무담장을 만들 수 있다.
꽃은 암수한그루로 피며, 암꽃은 가지 끝에
달리고, 수꽃은 머리모양꽃처럼 둥글게 모여
달린다. 열매는 견과이며, 세모가 진다. 나카
이 다케노신 박사에 의해 울릉도 특산종으로
발표된 이후, 일본에 나는 것과 같은 종에 속
하는 특산변종으로 취급
한다.

씨

생육지	숲 속
식물형	낙엽 큰키나무
크 기	15-30m
개화기	4-5월
결실기	9-11월

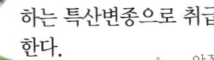
암꽃

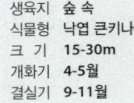

수꽃

떡갈나무

Quercus dentata Thunb.

어린 가지는 굵고, 황갈색을 띠며, 별 모양
털이 많다. 잎은 어긋나며, 가죽질로 두껍고,
길이 10-30㎝, 폭 5-15㎝다. 잎 가장자리에
물결 모양의 큰 톱니가 있으며, 밑은 귓불 모
양이다. 잎 뒷면에 갈색의 별 모양 털이 빽빽
하게 난다. 잎자루는 매우 짧다. 꽃은 암수한
그루에 피며, 수꽃은 아래로 드리워지는 꼬리
모양꽃차례에 여러 개가 모여달린다. 열매는
견과로서 둥근 모양이고, 깍정이 끝에 돋는
싸개비늘은 길게 발달하여 뒤로
젖혀진다. 어린 잎은 찰떡을
싸는 데 사용된다.

뒤로 젖혀진
싸개비늘

잎

열매

생육지	숲 속
식물형	낙엽 큰키나무
크 기	15-30m
개화기	4-5월
결실기	9-10월

신갈나무

Quercus mongolica Fisch. ex Ledeb.

백두대간 등 남한의 고산지대에서 가장 흔하게 숲을 이루는 큰키나무다. 연해주 등 고위도 지방에서는 들판에서도 군락을 이루어 자란다. 잎은 어긋나지만 가지 끝에 모여 달린 것처럼 보이며, 길이 7-20㎝, 폭 4-10㎝다. 잎 가장자리에 물결 모양의 톱니가 있고, 밑은 귓불 모양이다. 잎자루는 매우 짧다. 꽃은 암수한그루로 피며, 수꽃차례는 길게 밑으로 드리우고, 암꽃차례에는 1-3개의 암꽃이 달린다. 열매는 그해 9-10월에 익으며, 긴 타원형의 견과이고, 깍정이 끝의 싸개비늘은 길게 발달하지 않는다.

잎

긴 타원의
열매

생육지	숲 속
식물형	낙엽 큰키나무
크 기	20-30m
개화기	4-5월
결실기	9-10월

졸참나무

Quercus serrata Murray

북부지방을 제외한 전국의 산에 흔하게 자라
며, 일본에도 분포한다. 잎은 어긋나며, 길이
5-20㎝, 폭 2-10㎝이며, 양끝이 뾰족하다.
잎 가장자리의 톱니는 예리하며 끝이 안쪽
으로 굽었고, 끝에 샘점이 있다. 꽃은 암수
한그루로 피며, 수꽃차례는 길게 밑으로 드리
우고, 암꽃차례에는 암꽃이 1-2개씩 달린다.
열매는 긴 타원형의 견과이며, 그 해 9-10월
에 익는다. 깍정이는 우리나라의 참나무 종류
가운데 가장 작고, 끝에 싸개비늘이 길게 발
달하지 않는다. 열매를 '굴밤'이라
부르며, 참나무 종류 가운데 가장
맛이 좋다.

길쭉한
열매

예리한
톱니

생육지	숲 속
식물형	낙엽 큰키나무
크 기	20-30m
개화기	4-5월
결실기	9-10월

굴참나무

Quercus variabilis Blume

우리나라에 자라는 참나무 종류 가운데 줄기에 코르크가 가장 많이 발달한다. 전국에 분포하지만 물빠짐이 좋은 석회암 지대에서는 숲을 이루어 자라는 것을 볼 수 있다. 잎은 길이 8-15㎝, 폭 3-6㎝이며, 가장자리에 침처럼 뾰족한 톱니가 있다. 잎 뒷면에 흰색 털이 빽빽하게 난다. 꽃은 암수한그루로 피며, 수꽃차례는 아래로 드리운다. 열매는 둥근 견과이며, 이듬해 9-10월에 익는다. 깍정이의 끝에 싸개비늘이 발달한다. 상수리나무에 비해서 줄기에 코르크가 발달하며, 잎 뒷면에 별모양 털이 나서 흰빛을 띠므로 구분할 수 있다.

생육지	숲 속
식물형	낙엽 큰키나무
크 기	20-30m
개화기	4-5월
결실기	다음해 9-10월

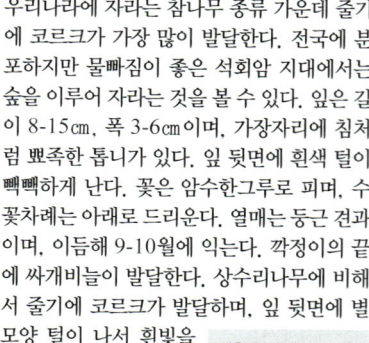

잎

조금 젖혀진 싸개비늘

둥근 열매

개벼룩

Moehringia lateriolia (L.) Fenzl

땅속줄기가 발달한다. 줄기는 가늘며, 가지가 갈라지기도 하고, 겉에 밑을 향한 가는 털이 난다. 잎은 어긋나며, 양면에 잔털이 난다. 꽃은 잎겨드랑이와 가지 끝에 1-3개씩 달리며, 흰색이고, 꽃자루는 길이 1-3㎝다. 꽃받침조각과 꽃잎은 5장씩이다. 수술은 10개이며, 암술대는 3갈래다. 열매는 삭과이며, 6갈래로 갈라진다. 씨는 검은색이며, 윤기가 있다. 북반구 온대 북부에 널리 분포하며, 우리나라에는 북부지방에 주로 자란다. 남한에서는 강원도에만 자라는 것으로 알려져 있지만 소백산에서도 발견된다.

생육지	풀밭, 숲 속
식물형	여러해살이풀
크 기	10-20cm
개화기	5-6월
결실기	7-8월

꽃잎

3갈래 진 암술대

쇠별꽃

Myosoton aquaticum (L.) Moench

전체가 연약해 보인다. 줄기는 가지가 갈라지며, 밑부분이 땅에 닿고, 윗부분에 구부러진 털과 샘털이 난다. 잎은 마주나며 끝이 뾰족하고, 밑이 심장 모양이다. 잎 밑은 줄기를 감싸기도 한다. 줄기 아래쪽에 달린 잎은 크기가 작고, 잎자루가 길게 발달한다. 꽃은 가지 끝에 취산꽃차례를 형성하며, 잎겨드랑이에서 1개씩 달린다. 꽃자루는 길이 0.5-1.5cm이고, 꽃이 진 후에 밑으로 구부러진다. 꽃받침조각과 꽃잎은 5장씩이다. 수술은 10개이고, 암술대는 5갈래로 갈라진다. 어린 순은 먹을 수 있다.

생육지	밭, 길가
식물형	두해 또는 여러해살이풀
크 기	20-80cm
개화기	4-5월
결실기	5-7월

꽃봉오리

털이 난 꽃자루

참개별꽃

Pseudostellaria coreana (Nakai) Ohwi

경기도 이남의 숲 속에 자라는 한국 특산식물
이다. 줄기에 흰 털이 세로 방향으로 난다. 잎
은 마주나며, 길이 1.5-2.5cm, 폭 0.5-1.0cm
다. 꽃은 줄기 끝의 꽃자루에 1개씩 피며, 흰
색이다. 꽃자루는 가늘며, 길이 2-4cm다. 꽃
받침은 끝이 뾰족한 피침형이고, 가장자리가
흰색 막질로 된다. 꽃잎은 6-8장이며, 피침
형 또는 주걱 모양으로 길이 5-6mm이고, 끝이
둥글거나 2갈래로 조금 갈라진다. 수술의 숫
자는 꽃잎 숫자의 2배다. 암술대는 3-
4갈래로 갈라진다. 열매는 삭과다. 큰
개별꽃과 비슷하지만, 꽃잎이 피침형
이고, 암술대가
3-4갈래이므로
다르다.

생육지	숲 속
식물형	여러해살이풀
크 기	10-20cm
개화기	4-5월
결실기	5-7월

꽃밥

꽃잎

수술

꽃받침

3-4갈래의
암술대

덩굴개별꽃

Pseudostellaria davidii (Franch.) Pax

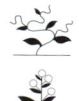

꽃이 진 후에 덩굴을 지어 50㎝ 정도까지 길게 자라므로 우리말 이름이 붙여졌다. 높은 산 응달에서 무리를 지어 자란다. 꽃이 진 후에 덩굴이 질 때 줄기 끝이 매우 가늘어지는데, 끝이 땅에 닿으면 뿌리가 내린다. 잎은 마주나며 가장자리가 밋밋하다. 꽃은 줄기 위쪽 잎겨드랑이에서 1개씩 피며, 흰색이다. 꽃자루는 가늘고, 길이 3-4㎝이며, 털이 1줄로 난다. 꽃받침잎은 5장이며, 녹색이다. 꽃잎은 5장이며, 길이 6㎜쯤으로 꽃받침잎보다 2배쯤 길다. 수술은 10개이며, 암술대는 2갈래로 갈라진다.

암술

수술

꽃잎

생육지	숲 속
식물형	여러해살이풀
크 기	20-50㎝
개화기	4-6월
결실기	6-8월

개별꽃

Pseudostellaria heterophylla (Miq.) Pax

덩이뿌리는 긴 각뿔 모양이다. 줄기는 곧추서며, 곁에 털이 2줄로 난다. 줄기 끝 부분의 잎은 2쌍이 돌려난 것처럼 가까이 달리며, 넓은 달걀 모양으로 줄기의 다른 잎들과 모양이 다르다. 이 때문에 학명의 종소명이 '다른 모양의 잎을 가진'이라는 뜻으로 붙여졌다. 꽃은 줄기 끝과 잎겨드랑이에서 1-5개씩 피어 취산꽃차례를 이룬다. 꽃받침잎은 5장이며, 피침형으로 길이 1㎜쯤이다. 꽃잎은 5장이며, 길이 7-8㎜이고, 끝이 밋밋하거나 조금 갈라진다. 수술은 10개이며, 꽃잎보다 짧다. 암술은 3갈래로 갈라지며, 수술보다 조금 길다.

꽃잎

수술

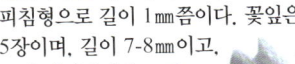

암술

생육지	숲 속
식물형	여러해살이풀
크 기	8-20cm
개화기	4-5월
결실기	5-7월

큰개별꽃

Pseudostellaria palibiniana (Takeda) Ohwi

덩이뿌리는 1-4개가 함께 달리는데, 개별꽃처럼 굵어지지 않는다. 줄기는 곧추서며, 겉에 털이 2줄로 난다. 잎은 진한 녹색이며, 길이 3-4cm, 폭 0.5-2.0cm이고, 털이 없다. 꽃은 줄기 끝에 항상 1개씩 달리며, 흰색이다. 꽃자루는 길이 1.5-2.5cm이고, 털이 없다. 꽃받침잎과 꽃잎은 5-8장씩이다. 수술은 10개이며, 암술대는 2-3갈래로 갈라진다. 열매는 삭과다. 전국에서 볼 수 있으며, 일본에도 분포한다. 개별꽃과는 달리 잎 색깔은 진한 녹색이고, 잎 모양은 피침형이며, 꽃자루에 털이 없으므로 구분된다.

꽃잎

수술

생육지	숲 속
식물형	여러해살이풀
크 기	10-20cm
개화기	4-5월
결실기	5-7월

벼룩나물

Stellaria alsine Grimm

길가, 화단 등에 흔하게 자란다. 전체에 털이 없다. 줄기는 아래쪽에서 가지가 많이 갈라진다. 잎은 마주나며, 길이 0.5-2.0㎝, 폭 0.1-0.4㎝이고, 가장자리가 물결 모양이다. 잎자루는 없다. 꽃은 줄기 끝이나 잎겨드랑이에서 1개씩 필 때도 있고, 3-5개가 취산꽃차례를 이루기도 하며, 흰색이다. 꽃자루는 가늘고, 길이 0.5-2.0㎝다. 꽃받침잎은 5장이며, 피침형으로 길이 2-4㎜다. 꽃잎은 5장이며, 깊게 2갈래로 갈라지고, 꽃받침잎보다 조금 짧거나 비슷한 길이다. 수술은 5개이며, 암술대는 2-3갈래로 갈라진다. 열매는 삭과이며, 6갈래로 터진다.

생육지	밭, 길가
식물형	한해살이풀
크 기	15-35cm
개화기	4-5월
결실기	5-7월

씨방

수술

암술

꽃잎

꽃받침

함박꽃나무

Magnolia sieboldii K. Koch

목련과 함께 산과 들에 저절로 자라는 목련속 식물의 하나다. 비교적 흔하지만, 제주도에서는 한라산의 높은 곳에만 매우 드물게 자란다. 잎은 어긋나며, 길이 6-15㎝, 폭 5-10㎝다. 꽃은 잎이 난 후에 피며, 옆 또는 밑을 향하고, 지름 7-10㎝, 향기가 난다. 꽃받침잎은 3장이며, 꽃잎 모양이지만 크기가 작다. 꽃잎은 6-9장이며, 달걀 모양이고, 흰색이다. 수술은 많으며, 나선상으로 배열한다. 산에 자라는 목련이라는 뜻으로 '산목련'이라고 부르기도 한다. 북한에서는 '목란'이라 부르며, 국화로 지정하고 있다.

꽃잎

수술

암술

생육지	숲 속
식물형	낙엽 작은키나무
크 기	6-10m
개화기	5-6월
결실기	8-9월

오미자

Schisandra chinensis (Turcz.) Baill.

줄기는 가지가 갈라지고, 갈색이며, 다른 나무를 타고 올라간다. 잎은 어긋나며, 길이 7-10 ㎝, 폭 3-5㎝이고, 가장자리에 이 모양의 톱니가 있다. 잎 뒷면은 잎줄 위에 털이 난다. 잎 앞면의 가운데 잎줄은 움푹 들어간다. 잎자루는 길이 1.5-3.0㎝다. 꽃은 보통 암수딴그루로 피며, 흰색 또는 연한 분홍색이고, 지름 1.5㎝쯤이다. 화피는 6-9장이며, 타원형이고, 길이 5-8㎜다. 수술은 5개이고, 암술은 많다. 열매는 장과이며, 둥글고, 붉은색, 꽃이 진 후에 자라서 아래로 드리워진 꽃에 여러 개가 이삭 모양으로 달린다. 열매에서 5가지 맛이 난다고 해서 '오미자'라고 한다.

열매

꽃자루

화피

생육지	숲 속, 숲 가장자리
식물형	낙엽 덩굴나무
크 기	6-9m
개화기	5-6월
결실기	8-11월

생강나무

Lindera obtusiloba Blume

전국의 산과 들에 흔하게 자란다. 잎은 어긋나
며, 길이 5-15㎝, 폭 4-13㎝다. 잎 가장자리
는 밋밋하거나 3-5갈래로 깊게 갈라지는데,
한 그루에 2가지 모양의 잎이 함께 달린다.
잎자루는 길이 1-2㎝다. 꽃은 잎보다 먼저 암
수딴그루로 피며, 꽃대가 없는 산형꽃차례에
여러 개가 모여 달리고, 노란색이다. 암나무
에 비해 수나무의 꽃이 더욱 화려해 보인다.
화피는 6장이다. 수꽃에는 수술 6개, 암꽃에
는 암술 1개와 헛수술 9개가 있다. 열매는 장
과이며, 9-10월에 검게 익는다. 지방에 따라
서는 '동백나무' 또는 '동박나무'라고 부르기
도 하는데, 차나무과의
동백나무처럼 씨에서
기름을 짠다.

잎

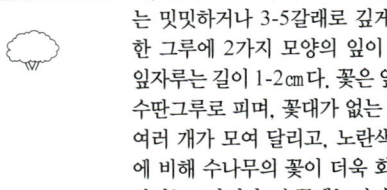

잎눈

수꽃

열매

생육지	산기슭 양지
식물형	낙엽 떨기나무
크 기	3-5m
개화기	3-4월
결실기	8-10월

노루삼

Actaea asiatica H. Hara

촛대승마와 혼동하기도 하지만 꽃이 5-6월에 피며, 꽃차례가 갈라지지 않고, 꽃차례의 길이가 짧으므로 구분할 수 있다. 승마속에 포함하는 학자도 있지만, 삭과가 아니라 장과가 달리는 점으로 뚜렷하게 구분된다. 잎은 2-4번 3갈래로 갈라지는 겹잎이며, 가장자리에 톱니가 있다. 꽃은 줄기 끝 총상꽃차례에 빽빽하게 달리며, 흰색이다. 꽃자루는 꽃차례에 거의 수직으로 달리며, 길이 1.0-1.5㎝다. 꽃받침잎은 꽃이 피자마자 떨어지며, 꽃잎은 넓은 달걀 모양으로 길이 2.0-2.5㎜로 작아서 수술처럼 보인다. 수술은 많다.

열매

생육지	숲 속
식물형	여러해살이풀
크 기	40-70㎝
개화기	5-6월
결실기	7-8월

수술

총상꽃차례

복수초

Adonis amurensis Regel et Radde

제주도를 제외한 전국에서 자란다. 제주도에
는 잎이 더 잘게 갈라지고 잎자루가 더욱 긴
세복수초가 자라며, 해안지방에는 한 뿌리에
서 줄기가 2대 이상 나는 개복수초가 자란다.
줄기는 꽃이 필 때 5-15㎝이지만 나중에 30-
40㎝까지 자라며, 보통은 가지가 갈라지지
않지만 갈라지기도 한다. 잎은 어긋나며, 3-4
번 깃꼴로 갈라지는 겹잎이다. 꽃은 줄기 끝
에서 1개씩 피며, 지름 2.8-3.5㎝, 노란색이
다. 꽃잎은 10-30장이고, 길이 1.4-
2.0㎝, 폭 0.5-0.7㎝다. 수술과 암술
이 많다.

생육지	숲 속
식물형	여러해살이풀
크 기	30-40㎝
개화기	3-4월
결실기	5-7월

암술

수술

꽃잎

꽃받침

들바람꽃

Anemone amurensis (Korsh.) Kom.
멸종위기종

만주, 캄차카, 사할린, 우수리 등지에 분포하는 북방계 식물로서 경기도와 강원도의 높은 산에 드물게 자란다. 뿌리에서 난 잎은 1-2장이지만 없는 경우도 있고, 잎자루는 길이 5-20㎝로 길다. 줄기에 난 잎은 3장이며, 줄기 끝에서 돌려나서 모인꽃싸개잎처럼 꽃을 받치고, 잎자루 아래쪽이 넓어져서 좁은 날개가 된다. 꽃은 줄기 끝에 1개씩 피며, 흰색이다. 꽃받침잎은 꽃잎처럼 보이며, 6-10장, 긴 타원형이고, 뒷면에 털이 많다. 북부지방에 분포하는 숲바람꽃은 꽃받침잎이 타원형이고, 꽃받침잎 끝이 둥글며, 꽃받침잎 뒷면에 털이 조금만 나므로 다르다.

생육지	숲 속
식물형	여러해살이풀
크 기	12-25㎝
개화기	4-5월
결실기	4-6월

수술

암술

꽃받침

홀아비바람꽃

Anemone koraiensis Nakai

중부와 북부지방의 높은 산 습기가 많은 곳에
자란다. 만주에도 난다. 뿌리에서 난 잎은 1-2
장이며, 길이 2cm, 폭 4cm쯤이고, 5갈래로 갈
라진다. 꽃은 줄기 끝에서 1개 또는 드물게
2개씩 피며, 흰색이고, 지름 1.5cm쯤이다. 꽃
자루는 길이 3-4cm이며, 겉에 털이 난다. 꽃
아래쪽에 달린 꽃싸개잎은 2장이며, 깊게 3
갈래로 갈라진 후 다시 몇 갈래로 갈라진다.
꽃받침잎은 꽃잎처럼 보이며, 보통 5장이지
만 4장 또는 6장인 경우도 있다. 꽃잎은 없다.
수술은 많으며, 길이가 짧다. 꽃밥은 노란색
이다. 암술이 많다. 열매는 수과
이며, 여러 개가 모여 있다.

꽃받침

수술

암술

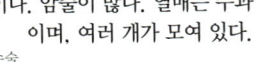

생육지	높은 산의 숲 속
식물형	여러해살이풀
크 기	7-15cm
개화기	4-5월
결실기	4-6월

꿩의바람꽃

Anemone raddeana Regel

아무르, 우수리, 사할린 지방에 자라는 북방
계 식물이지만 높은 산뿐만 아니라 서해안
저지대에도 분포한다. 뿌리에서 난 잎은 잎자
루가 길고, 1-2번 3갈래로 갈라지며, 보통 녹
색이지만 환경에 따라서 붉은빛을 띤다. 꽃
은 줄기 끝에 1개씩 피며, 흰색, 지름 3-4㎝
다. 꽃받침잎은 꽃잎처럼 보이며, 긴 타원형
으로 길이 2㎝쯤이다. 꽃받침잎은 8-13장으
로서 우리나라에 분포하
는 바람꽃속 식물 가운데
가장 많다. 꽃잎은 없다.

생육지	높은 산의 숲 속
식물형	여러해살이풀
크 기	15-20㎝
개화기	4-5월
결실기	5-7월

열매

암술

수술

꽃받침

회리바람꽃

Anemone reflexa Stephan et Willd.

중부 및 북부지방의 산에 자라는 북방계 식물로서 일본, 중국, 몽골 등지에도 분포한다. 줄기는 곧추서며, 가지가 갈라지지 않는다. 뿌리에서 난 잎은 없다. 잎은 꽃 아래쪽에 달려서 모인꽃싸개잎이 돌려난 것처럼 보이며, 3장이고, 각각이 끝까지 갈라지므로 겹잎처럼 보인다. 꽃은 줄기 끝에서 1-4개씩 달리며, 노란색이다. 꽃자루는 길이 2-3㎝이며, 겉에 털이 난다. 꽃받침잎은 5장이며, 노란색이고, 꽃이 필 때 뒤로 완전히 젖혀지므로 꽃에 노란 수술만 있는 것처럼 보인다. 수술이 많다. 암술이 많으며 녹색을 띤다. 열매는 수과이며, 여러 개가 모여 달린다.

생육지	숲 속
식물형	여러해살이풀
크 기	15-30㎝
개화기	4-6월
결실기	5-7월

암술

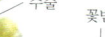 수술

꽃받침

매발톱꽃

Aquilegia oxysepala Trautv. et C. A. Mey.

줄기는 가지가 갈라지며, 매끈하고 자줏빛이
난다. 뿌리에서 난 잎은 여러 장이 모여 달리
며, 잎자루가 길고, 2번 3갈래로 갈라진다.
줄기에 난 잎은 겹잎이며, 위로 갈수록 잎자
루가 짧아진다. 꽃은 가지 끝에서 밑을 향해
피며, 노란빛이 도는 자주색이다. 꽃받침잎은
꽃잎처럼 보이며, 5장이고, 길이 2cm,
갈색이 도는 자주색이다.
꽃잎은 5장이며, 노란색
이고, 꽃받침잎과 번갈아
늘어선다. 꽃잎의 아래쪽
에 꽃뿔이 발달하는데,
끝이 안으로 구부러져서
밖으로 나온다. 수술은
많으며, 안쪽 것은
꽃밥이 없는
헛수술이다.

꽃뿔
열매
꽃봉오리
꽃받침
꽃잎

생육지	계곡, 풀밭 양지
식물형	여러해살이풀
크 기	30-130cm
개화기	5-7월
결실기	7-9월

동의나물

Caltha palustris L. var. *nipponica* H. Hara

잎은 길이와 폭이 각각 10-20㎝다. 잎 모양이 나물로 먹는 곰취 잎처럼 둥글어서 착각하기 쉽다. 꽃은 지름 2-3㎝다. 꽃잎처럼 보이는 부분은 꽃받침잎이며 꽃잎은 없다. 눈속에서 꽃봉오리가 만들어져서 눈이 녹자마자 4월부터 꽃을 피우지만, 높은 산에서는 6월에도 꽃을 볼 수 있다. 동북아시아에 널리 분포하는데, 지역과 사는 장소에 따라서 잎과 꽃의 크기가 많이 다르다. 꽃이 아름답고, 저지대의 물가에 옮겨 심어도 잘 살아 원예식물로서 가치가 높다.

생육지	깊은 계곡의 습지
식물형	여러해살이풀
크 기	30-60㎝
개화기	4-5월
결실기	7-8월

수술

꽃받침

큰꽃으아리

Clematis patens C. Morren et Decne.

잎은 마주나며, 작은잎 3-5장으로 이루어진 겹잎이다. 작은잎은 달걀 모양으로 길이 3-10cm, 폭 2-5cm이며, 보통 3갈래로 갈라지고, 가장자리가 밋밋하다. 잎 뒷면에 털이 난다. 꽃은 가지 끝에서 1개씩 위를 향해 달리며, 흰색 또는 연한 노란색이다. 꽃의 지름이 10-15cm로서 우리나라에 자생하는 으아리속 식물 가운데 가장 크다. 꽃자루는 길이 10-15cm다. 꽃받침잎은 꽃잎처럼 보이며, 보통 8장이지만 변이가 있다. 꽃잎은 없다.

생육지	산기슭 양지
식물형	낙엽 덩굴나무
크 기	2-4m
개화기	5-6월
결실기	8-10월

수술

꽃받침

나도바람꽃

Enemion raddeanum Regel

지리산 이북의 높은 산 습기가 많은 곳에 자라는 북방계 식물이다. 뿌리에서 난 잎은 2-3장이며, 잎자루가 길다. 줄기에 난 잎은 보통 1장이며, 작은잎 3장으로 이루어진 겹잎이고, 줄기 위쪽에 달린다. 작은잎은 3갈래로 갈라진다. 잎자루는 짧다. 꽃은 줄기 끝의 잎처럼 생긴 꽃싸개잎 위에서 4-7개가 산형꽃차례를 이루어 달리며, 흰색 또는 분홍색이 조금 도는 흰색이고, 지름 1.0-1.5cm다. 꽃자루는 길이 3cm쯤이다. 꽃받침잎은 꽃잎처럼 보이며, 4-5장이다.

수술

암술

꽃받침

생육지	높은 산의 숲 속
식물형	여러해살이풀
크 기	20-30cm
개화기	4-6월
결실기	6-8월

변산바람꽃

Eranthis byunsanensis B. Y. Sun

멸종위기종

변산반도에서 처음 발견된 한국 특산식물이다. 제주도를 포함해서 주로 남부지방의 바닷가 산에 분포하지만 동해안으로는 설악산, 서해안으로는 과천 청계산까지도 올라오며, 내륙에서도 드물게 발견된다. 꽃은 줄기 끝에서 보통 1개씩 피지만 드물게 2개가 달리기도 하며, 흰색이거나 분홍빛이 조금 돌며, 지름 2-3cm다. 꽃받침잎은 꽃잎처럼 보이며, 5-7장이다. 꽃잎은 4-11장, 노란빛이 도는 녹색 또는 분홍색이고, 깔때기 모양으로 길이 3-4mm다.

생육지	숲 속
식물형	여러해살이풀
크 기	10-30cm
개화기	2-3월
결실기	3-5월

꽃잎

수술

암술

꽃받침

열매

너도바람꽃

미나리아재비과 **48**

Eranthis stellata Maxim.

중부지방의 산속에 자라는 식물 가운데 가장 빨리 꽃이 핀다. 복수초와 함께 자랄 경우에도 먼저 꽃이 핀다. 뿌리에서 난 잎은 잎자루가 길고, 3갈래로 깊게 갈라진 후 다시 깃 모양으로 잘게 갈라진다. 꽃은 줄기 끝에서 1개씩 피지만 드물게 2개씩 피기도 하며, 지름 1-2㎝이고, 흰색이다. 꽃자루는 길이 1㎝쯤이다. 꽃받침잎은 꽃잎처럼 보이며, 5-7장이다. 꽃잎은 헛수술처럼 보이며, 2갈래로 갈라진 끝에 노란 꿀샘이 있다.

꽃잎

수술

꽃받침

열매

씨

생육지	높은 산의 숲 속
식물형	여러해살이풀
크기	10-20㎝
개화기	3-4월
결실기	3-5월

노루귀

Hepatica asiatica Nakai

전체에 희고 긴 털이 많다. 잎은 뿌리에서 나며, 3-6장이다. 잎 앞면에 보통 얼룩무늬가 없지만 있는 경우도 있다. 꽃은 잎보다 먼저 피며, 뿌리에서 난 1-7개의 꽃줄기에 위를 향해 달리고, 지름 1.0-1.5㎝다. 꽃 색깔은 흰색, 분홍색, 보라색 등 다양한데, 고산지대로 올라갈수록 흰색이 많아진다. 꽃 바로 밑에 잎처럼 생긴 꽃싸개잎이 3장 있다. 꽃받침잎은 꽃잎처럼 보이며, 6-11장이다. 수술은 많으며, 노란색이다. 우리말 이름은 꽃줄기나 잎이 올라올 때의 모습이 노루의 귀를 닮아서 붙여졌다.

꽃싸개잎

잎

수술

암술

꽃받침

생육지	숲 속
식물형	여러해살이풀
크 기	8-20㎝
개화기	3-5월
결실기	4-6월

새끼노루귀

Hepatica insularis Nakai

남부지방의 산과 서해안의 섬에 자라는 한국 특산식물이다. 인천광역시 옹진군의 여러 섬에도 분포한다. 잎은 뿌리에서 여러 장이 모여나며, 잎자루가 길다. 잎몸은 길이 1-2㎝이며, 3갈래로 갈라지는데, 갈래는 달걀 모양이고 끝이 둔하다. 잎 양면에 털이 난다. 꽃은 잎보다 먼저 피거나 잎과 동시에 피며, 흰색 또는 붉은보라색이다. 꽃받침잎은 꽃잎처럼 보이며, 길이 0.9-1.0㎝이고, 6-11장이다. 열매는 수과다. 노루귀에 비해서 잎이 작고, 잎 앞면에 얼룩무늬가 있으며, 잎과 꽃이 동시에 피므로 구분할 수 있다.

암술

수술

꽃받침

생육지	바닷가의 숲 속
식물형	여러해살이풀
크 기	5-15㎝
개화기	3-4월
결실기	4-6월

만주바람꽃

Isopyrum mandshuricum (Kom.) Kom.
멸종위기종

만주, 우수리, 일본 등지에 분포하는 북방계 식물이지만 경상남도 진주 지방까지 내려와 분포한다. 남한에서는 1970년대에 천마산 부근에서 처음 발견된 이래 제주도를 제외한 전국에서 확인되었다. 옆으로 길게 뻗는 땅속줄기에 보리알처럼 생긴 덩이뿌리가 주렁주렁 달린다. 꽃은 줄기 위쪽의 잎겨드랑이에서 1개씩 달리며, 흰색 또는 노란빛이 조금 도는 흰색이고, 지름 1-2 cm. 꽃받침잎은 꽃잎처럼 보이며, 5장이다. 꽃잎은 작고, 수술 바깥쪽에 붙으며, 오목한 국자 모양, 노란빛이 도는 흰색이다.

생육지	숲 속
식물형	여러해살이풀
크 기	15-20cm
개화기	3-5월
결실기	5-7월

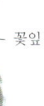

수술

꽃잎

꽃받침

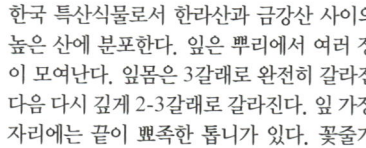

모데미풀

Megaleranthis saniculifoliar Ohwi

멸종위기종

한국 특산식물로서 한라산과 금강산 사이의 높은 산에 분포한다. 잎은 뿌리에서 여러 장이 모여난다. 잎몸은 3갈래로 완전히 갈라진 다음 다시 깊게 2-3갈래로 갈라진다. 잎 가장자리에는 끝이 뾰족한 톱니가 있다. 꽃줄기는 뿌리에서 여러 대가 나오며, 끝에 잎처럼 생긴 꽃싸개잎이 달리고, 꽃이 1개씩 핀다. 꽃은 흰색이며, 지름 2-3cm다. 꽃자루는 짧다. 꽃받침잎은 꽃잎처럼 보이며, 보통 5장이지만 변이가 있고, 끝이 얕게 갈라지거나 갈라지지 않는다. 꽃잎은 보통 5개이며, 헛수술처럼 보인다. 수술이 많다.

생육지	높은 산의 숲 속
식물형	여러해살이풀
크 기	20-40cm
개화기	4-5월
결실기	5-7월

암술

수술

꽃잎

꽃받침

열매

할미꽃

Pulsatilla cernua (Thunb.) Bercht. et J. Presl
var. *koreana* Yabe ex Nakai

제주도를 제외한 전국의 산과 들에 자란다.
세계적으로는 만주, 우수리, 아무르 지방에 분
포한다. 잎은 뿌리에서 여러 장이 나며, 작은
잎 5장으로 이루어진 깃꼴겹잎이다. 꽃은 꽃
줄기 끝에서 1개씩 아래를 향해 피며, 긴 종
모양이고, 붉은자주색 또는 드물게 노란색이
다. 꽃받침잎은 꽃잎처럼 보이며, 6장, 긴 타
원형으로 길이 3-4㎝이고, 겉에 털이 많다.
꽃잎은 없다. 수술이 많고, 꽃밥은 노란색이
다. 암술이 많다. 열매는 수과
이며, 길이 4㎝쯤으로 자란
암술대가 깃 모양으로 남아 있다.

열매

털이 난
꽃받침

생육지	산기슭 양지
식물형	여러해살이풀
크 기	30-40㎝
개화기	4-5월
결실기	5-7월

동강할미꽃

Pulsatilla tongangensis Y. N. Lee et T. C. Lee

멸종위기종

최근에 알려진 한국 특산식물로 동강에서 처음 발견된 이래 강원도 석회암 지역 몇 곳에서도 확인되었다. 석회암 바위틈에서 생육한다. 전체에 흰 털이 많다. 꽃은 4월 초순에 할미꽃보다 더 일찍 핀다. 꽃 색깔은 연분홍, 청보라, 붉은자주색, 흰색 등으로 다양하며, 꽃이 아래를 향하지 않고 옆이나 위를 향해 핀다. 꽃받침잎은 꽃잎처럼 보이며, 꽃잎은 없다. 수술과 암술은 많은 편이지만, 할미꽃에 비해서는 적다.

수술

암술

꽃받침

생육지	석회암 바위틈
식물형	여러해살이풀
크 기	15-30㎝
개화기	4-5월
결실기	5-6월

매화마름

Ranunculus kazusensis Makino
멸종위기종

논에서 사는 수생식물로서 서해안의 섬과 해
안에서 드물게 발견되는 멸종위기식물이다.
한해살이 또는 두해살이풀로 물속에서 자랄
때와 물 밖에서 자랄 때의 모습이 다른데, 물
속에서 자랄 때 잎이 더욱 가늘고 길어진다.
꽃은 잎과 마주난 꽃자루가 물 위로 나와서
그 끝에 1개씩 피며, 지름 1㎝쯤이다. 꽃이
핀 모습이 매실나무 꽃인 매화를 닮아서 우
리말 이름에 '매화'가 붙여졌다. 꽃받침잎과
꽃잎은 5장씩이다. 꽃잎은 흰색이며,
밑부분이 수술 빛깔처럼
노랗게 된다.

수술

암술

꽃잎

생육지	서해안의 논
식물형	한해 또는 두해살이풀
크 기	10-50㎝
개화기	4-5월
결실기	5-7월

개구리자리

Ranunculus sceleratus L.

논과 습지에 흔하게 자란다. 물속에서 자랄 때와 물 밖에서 자랄 때의 모습이 매우 다르다. 전체가 털이 없어 매끈하고 윤이 난다. 줄기는 가지가 갈라지기도 한다. 뿌리에서 난 잎은 잎자루가 길고, 3갈래로 갈라진다. 줄기에 난 잎은 위로 갈수록 잎자루가 짧아지고, 위쪽 것은 완전히 3갈래로 갈라진다. 꽃은 가지 끝에서 1개씩 피며, 노란색이고, 지름 0.8-1.0㎝다. 꽃받침잎은 5장이며, 타원형이고, 뒤로 젖혀진다. 꽃잎은 5장이며, 달걀 모양이고, 크기가 꽃받침잎과 비슷하다.

암술

꽃잎

생육지	논, 습지
식물형	한해 또는 두해살이풀
크 기	10-50㎝
개화기	4-6월
결실기	7-9월

개구리발톱

Semiaquilegia adoxoides (DC.) Makino

줄기는 가지가 갈라지며, 털이 난다. 잎은 줄기 아래쪽 뿌리 부근에서 몇 장이 나며, 잎자루가 길고, 작은잎 3장으로 된 겹잎이다. 작은잎은 잎자루가 짧고, 3갈래로 깊게 갈라진다. 잎 뒷면은 보랏빛이 조금 돈다. 꽃은 꽃자루가 아래로 구부러져 밑을 향해 피며, 종모양, 분홍빛이 조금 도는 흰색, 지름 4-5㎜, 활짝 벌어지지 않는다. 꽃받침잎은 꽃잎처럼 보이며, 5장이고, 길이 5-7㎜다. 꽃잎은 5장, 길이 2.5-3.0㎜, 밑부분이 통처럼 되고 짧은 뿔이 있다.

꽃봉오리

생육지	산기슭
식물형	여러해살이풀
크 기	15-35cm
개화기	3-5월
결실기	5-6월

연잎꿩의다리

Thalictrum coreanum H. Lév.
멸종위기종

석회암 지역과 설악산 높은 곳에 드물게 자라는 한국 특산식물이다. 뿌리는 흑갈색, 곤봉처럼 생긴 굵은 뿌리가 있다. 잎은 1-2번 3갈래로 갈라지는 겹잎이며, 둥근 방패 모양으로 길이 5.5-7.5㎝, 폭 6-8㎝이고, 가장자리에 물결 모양의 톱니가 있다. 잎자루는 잎 뒷면 아래에 방패 모양으로 붙으며, 길이 6.0-8.5㎝다. 잎 뒷면은 흰빛이 돈다. 꽃은 줄기 끝에 원추꽃차례를 이루어 피며, 자주색 또는 흰색이다. 꽃받침잎은 4-5장이며, 꽃이 피자마자 떨어진다. 꽃잎은 없고, 자주색 또는 흰색 수술이 꽃을 이룬다.

수술

방패 모양의 잎

생육지	숲 속
식물형	여러해살이풀
크 기	30-60㎝
개화기	5-8월
결실기	6-10월

매발톱나무

Berberis amurensis Rupr.

높은 산의 중턱 이상에 자란다. 줄기에 나는 가시는 3갈래로 갈라지며, 길이 1-3㎝이고, 날카롭다. 잎은 새가지에는 어긋나게 달리고, 짧은가지에는 모여난 것처럼 보인다. 잎몸은 주걱 모양으로 길이 3-8㎝, 폭 2-4㎝이고, 가장자리에 가시처럼 생긴 날카로운 톱니가 있다. 꽃은 짧은가지에서 나서 아래로 드리워진 길이 4-10㎝의 총상꽃차례에 10-20개가 달리며, 노란색이다. 꽃받침잎은 6장이 2줄로 붙는다. 꽃잎은 6장이며, 긴 달걀 모양이다.

열매

6장 꽃잎

암술

총상꽃차례

생육지	산 중턱 숲 속, 능선
식물형	낙엽 떨기나무
크 기	2-3m
개화기	4-6월
결실기	7-10월

매자나무

Berberis koreana Palib.
멸종위기종

경기도 등 중부지방의 산자락에 드물게 자라는 한국 특산식물이다. 지난해 가지는 붉은빛을 띤다. 줄기에 난 가시는 보통 3갈래로 갈라진다. 잎은 보통 짧은가지 끝에 모여 달리며, 타원형 또는 넓은 달걀 모양이며 가장자리에 날카로운 톱니가 규칙적으로 난다. 꽃은 노란색이다. 꽃받침잎과 꽃잎은 6장씩이다. 수술은 6개다. 열매는 둥근 장과이며, 지름 8-11㎜다. 열매 모양이 둥글어서 길쭉한 열매가 달리는 매발톱나무와 구분된다.

꽃자루

뭉뚝한
암술

총상꽃차례

생육지	산기슭
식물형	낙엽 떨기나무
크 기	1-3m
개화기	4-5월
결실기	7-10월

꿩의다리아재비

Caulophyllum robustum Maxim.

높은 산 숲 속에 자란다. 뿌리가 매우 발달한다. 줄기는 가지가 갈라지며, 흰 분을 칠한 것 같다. 잎 앞면은 진한 녹색으로 윤기가 나며, 뒷면은 연한 녹색이다. 꽃은 원추꽃차례를 이루어 피며, 녹색이 도는 노란색이고, 지름 0.7-1.0㎝다. 꽃받침잎은 꽃잎처럼 보이며, 6장이다. 꽃잎은 꽃받침잎과 마주나며, 6장, 작고, 꿀샘처럼 된다. 장과처럼 생긴 2개의 씨앗이 함께 달리며, 하늘색으로 익는다.

꽃잎처럼
보이는 꽃받침

열매

생육지	높은 산의 숲 속
식물형	여러해살이풀
크 기	**60-100㎝**
개화기	**5-6월**
결실기	**7-9월**

삼지구엽초

Epimedium koreanum Nakai
멸종위기종

충청북도 이북에 주로 자라지만 지리산에서도 발견된 적이 있다. 해외에는 만주, 우수리, 일본 등지에 분포한다. 강정제로 알려져 자생지 훼손이 심하다. 우리말 이름은 9장의 작은 잎으로 이루어진 겹잎에서 유래했다. 줄기는 뿌리에서 여러 대가 난다. 꽃은 밑을 향해 달리며, 노란빛이 도는 흰색이다. 꽃받침잎은 꽃잎처럼 보이며, 8장이고, 바깥쪽 4장은 일찍 떨어진다. 꽃잎은 4장, 둥글고 긴 꽃뿔이 있다. 수술은 4개이고, 암술은 1개다. 열매는 삭과다.

생육지	계곡 주변
식물형	여러해살이풀
크 기	30cm
개화기	4-5월
결실기	7-9월

꽃뿔

한계령풀

Gymnospermium microrrhynchum
멸종위기종 (S. Moore) Takht.

가리왕산, 금대봉, 두타산, 석병산, 오대산, 점봉산, 태백산 및 북부 지방의 높은 산에 드물게 자란다. 세계적인 희귀식물로서 만주, 아무르 지방에도 분포한다. 6월 이후에는 줄기와 잎이 시들어 없어진다. 전체가 연한 녹색이며, 연약하다. 땅속에서 실처럼 가늘어진 20-50㎝의 줄기 아래쪽에 둥근 덩이뿌리가 있고, 여기에서 수염뿌리가 난다. 북한에서 '메감자'라고 부르는 것은 이 덩이뿌리가 있기 때문이다. 꽃은 노란색이고, 꽃잎은 6장이다.

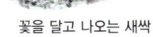

꽃을 달고 나오는 새싹

수술

암술

꽃잎

생육지	높은 산의 숲 속
식물형	여러해살이풀
크 기	30-40㎝
개화기	4-5월
결실기	5-7월

깽깽이풀

Jeffersonia dubia (Maxim.) Benth. et Hook. fil. ex Baker et S. Moore 멸종위기종

제주도를 제외한 전국의 산 중턱 아래에 드물게 자란다. 꽃이 아름답기 때문에 불법으로 채취되어 자생지 훼손이 심하다. 줄기는 없다. 꽃은 잎이 나기 전에 먼저 피며, 뿌리에서 난 긴 꽃줄기 끝에 1개씩 달리고, 붉은보라색 또는 드물게 흰색, 지름 2cm쯤이다. 꽃받침잎은 4장이며, 피침형이고, 일찍 떨어진다. 꽃잎은 6-8장이며, 달걀 모양이다. 수술은 6-8개이고, 암술은 1개다.
열매는 삭과다.

어린 열매

꽃봉오리

생육지	산기슭의 숲 속
식물형	여러해살이풀
크 기	10-20cm
개화기	4월
결실기	5-7월

으름덩굴

Akebia quinata (Thunb.) Decne.

가을에 익는 열매의 맛이 좋은 덩굴나무다. 줄기는 다른 나무를 타고 올라간다. 꽃은 암수한그루로 피며, 노란빛이 도는 흰색 또는 연한 자주색이다. 암꽃과 수꽃이 함께 달리는 암수한그루지만 어린 나무에는 수꽃만 달리기도 한다. 꽃받침잎은 꽃잎처럼 보이며, 3장이다. 수꽃은 꽃차례 위쪽에 달리며, 수술 6개가 서로 떨어져 있다. 암꽃은 수꽃보다 크고, 꽃차례 아래쪽에 달리며, 기둥 모양의 암술대가 3-6개 있다. 열매는 장과이며, 긴 타원형으로 길이 10㎝쯤이고, 익으면 한쪽이 세로로 벌어진다.

열매

생육지 숲 속
식물형 낙엽 덩굴나무
크 기 10-20m
개화기 4-5월
결실기 8-10월

암술

수술   수꽃   암꽃   꽃받침

홀아비꽃대

Chloranthus japonicus Siebold

줄기는 마디가 3-4개 있고, 윤이 난다. 꽃은 줄기 끝 이삭꽃차례에 피며, 흰색이다. 꽃차례는 길이가 3㎝쯤이다. 꽃받침잎과 꽃잎은 없다. 수술은 3개, 길이 4-5㎜이고, 흰색 실 같으며, 밑부분이 합쳐져서 씨방의 등 쪽에 붙고, 바깥쪽 2개의 수술대 아래쪽 밑부분에 꽃밥이 달릴 뿐 중앙의 수술대에는 꽃밥이 없다. 열매는 삭과이며, 둥글다. 남부 지방과 제주도에 분포하는 옥녀꽃대는 수술대가 8-12 ㎜로 길고, 중앙의 수술대에 꽃밥이 붙어 있어 구분된다.

꽃밥

수술대

잎

여러 개의 꽃이 모인
이삭꽃차례

생육지	숲 속
식물형	여러해살이풀
크 기	20-40㎝
개화기	4-5월
결실기	6-8월

등칡

Aristolochia manshuriensis Kom.

다른 나무를 감고 올라가는 덩굴나무다. 세계적으로 만주, 우수리 지방에 분포하는 북방계 식물이지만 경상남도까지 내려와 자란다. 꽃은 암수딴그루로 피며, 잎겨드랑이에 1개씩 달리고, 녹색을 띤 노란색이다. 암꽃과 수꽃 모두 꽃받침통이 U자 형으로 구부러져 색소폰 같은 특이한 모습을 하고 있다. 꽃자루는 길이 1.5-3.0cm이며, 밑부분에 짧고 부드러운 털이 난다. 열매는 삭과이며, 긴 타원형으로 길이 8-11cm, 지름 2-3cm다.

U자형
꽃받침통

생육지	숲 속
식물형	낙엽 덩굴나무
크 기	5-10m
개화기	4-5월
결실기	6-8월

족도리풀

Asarum sieboldii Miq.

한방에서 '세신細辛'이라 부르는 약용식물이다. '족두리'를 닮은 데서 우리말 이름이 유래하였지만, 오래전부터 사용하여 이름으로 굳어진 '족도리풀'로 표기하는 게 혼란을 줄이는 일이다. 뿌리줄기는 육질이고, 매운맛이 난다. 꽃은 잎 사이에서 난 꽃줄기 끝에 1개씩 달리며, 족두리 모양, 꽃받침통 위쪽이 3 갈래로 갈라지는데 갈래는 삼각형, 검은빛이 도는 자주색, 지름 1.0-1.5cm다. 수술은 12개이고, 암술은 6개다.

꽃받침통

생육지	숲 속
식물형	여러해살이풀
크 기	5-10cm
개화기	4-5월
결실기	7-9월

무늬족도리

Asarum sieboldii Miq. var. *versicolor* T. Yamaki

경기도 유명산 · 천마산 · 화야산, 강원도 설악산 · 점봉산 · 치악산, 충청북도 속리산 등의 숲 속 바위 틈 또는 경사면에 드물게 자라는 한국 특산식물이다. 꽃은 꽃줄기 끝에 1개씩 핀다. 꽃받침통은 가운데가 볼록한 통 모양, 위쪽이 3갈래로 갈라지고, 갈래는 끝이 뾰족해져서 위로 꺾인다. 꽃잎은 없다. 기본종인 족도리풀과는 달리 잎 앞면에 흰 무늬가 있어 무늬족도리라는 이름이 붙여졌다.

흰무늬가 있는
꽃받침통 갈래

꽃받침통

생육지	바위틈, 숲 속
식물형	여러해살이풀
크 기	10-20cm
개화기	4-5월
결실기	7-9월

백작약

Paeonia japonica (Makino) Miyabe et Takeda
멸종위기종

한약재로 쓰여 채취되면서 숫자가 점점 줄어들고 있다. 줄기는 곧추선다. 잎 앞면은 녹색이고, 뒷면은 흰빛이 난다. 잎자루는 길다. 꽃은 줄기 끝에 1개씩 피며, 향기가 강하고, 흰색, 지름 4-5㎝, 활짝 벌어지지 않는다. 꽃받침잎은 3장이며, 달걀 모양이고, 크기가 서로 다르다. 꽃잎은 5-7장이다. 수술은 많다. 암술은 3-4개이며, 암술대는 뒤로 젖혀진다. 열매는 골돌이다. 남한에서 매우 드물게 자라는 멸종위기식물인 산작약은 꽃이 연한 분홍색이므로 다르다.

암술

수술

꽃잎

꽃봉오리

잎(부분)

생육지	숲 속
식물형	여러해살이풀
크 기	50-60㎝
개화기	5-6월
결실기	8-10월

동백나무

Camellia japonica L.

대청도와 울릉도 이남 해안에 자란다. 잎 앞면은 짙은 녹색으로 윤이 나고, 뒷면은 노란빛이 도는 녹색이다. 꽃은 잎겨드랑이와 가지 끝에서 1개씩 달리며, 보통 붉은색이지만 드물게 흰색과 분홍색도 있고, 지름 5-7cm다. 꽃자루는 없다. 꽃받침잎은 5장이며, 둥근 달걀 모양이다. 꽃잎은 5-7장이며, 밑이 합쳐지고, 반쯤 벌어진다. 수술은 밑부분이 붙어 있으며, 꽃밥에서 꽃가루가 많이 나온다. 열매는 삭과이며, 둥글고, 지름 3-4cm다. 씨는 검은빛이 도는 갈색이다.

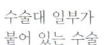

수술대 일부가 붙어 있는 수술

꽃봉오리

꽃잎

생육지	바닷가
식물형	상록 작은키나무
크 기	7-10m
개화기	11-4월
결실기	7-10월

끈끈이귀개

Drosera peltata Smith ex Willd. var. *nipponica* (Masamune) Ohwi **멸종위기종**

전라남도 해남과 진도의 바닷가 가까운 산 풀밭에 드물게 자란다. 잎에 난 긴 샘털에서 점액을 분비하여 벌레를 잡아먹는 식충식물이다. 뿌리에서 난 잎은 꽃이 필 때 없어진다. 줄기에 난 잎은 초승달 모양으로 길이 2-3㎜, 폭 4-6㎜이고, 잎자루는 길이 8-17㎜다. 꽃은 줄기 끝 또는 잎과 마주난 총상꽃차례에 달리며, 흰색이고, 지름 1.0-1.5㎝다. 꽃잎은 5장이며, 넓은 도란형이다. 수술은 5개이고, 암술은 3개다.

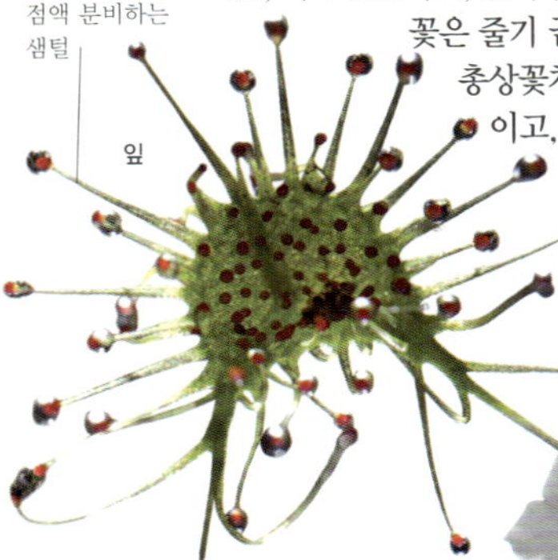

점액 분비하는 샘털

잎

수술

꽃잎

암술

생육지	바닷가 가까운 풀밭
식물형	여러해살이 식충식물
크 기	10-40㎝
개화기	5-7월
결실기	7-9월

애기똥풀

Chelidonium majus L. var. *asiaticum*
(H. Hara) Ohwi

줄기를 자르면 똥 같은 연한 노란색 즙이 나
오므로 우리말 이름이 붙여졌다. 전국의 마
을 근처 또는 숲 가장자리에 흔하게 자란다.
전체에 희고 긴 털이 많은데, 어릴 때 더욱 많
다. 꽃은 주로 봄에 피지만 8월까지도 볼 수
있으며, 줄기와 가지 끝 산형꽃차례에 달리
고, 노란색, 지름 2.5-3.5㎝다. 꽃
받침잎은 2장이며, 겉에 긴 털이
나고, 일찍 떨어진다. 꽃잎은 4장
이며, 길이 1.2㎝쯤이다. 수술은
많고, 암술은
1개다.

생육지	들판, 숲 가장자리
식물형	두해살이풀
크 기	50-80㎝
개화기	4-5월
결실기	5-8월

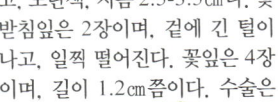

암술

수술

꽃잎

갈퀴현호색

Corydalis grandicalyx B. U. Oh et Y. S. Kim

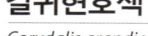

다른 현호색 종류에서는 발달하지 않는 꽃받침잎이 크게 발달하는데, 갈퀴 모양으로 깊게 갈라져서 꽃통을 싼다. 경기도, 강원도, 충청북도, 경상북도의 높은 산 숲 속에 자라는 한국 특산식물이다. 덩이줄기는 둥글고, 안쪽은 흰색이다. 줄기는 밑동에서 여러 대가 나오며, 밑쪽은 조금 눕는다. 꽃은 이른봄에 총상꽃차례로 피며, 길이 2.0-2.5㎝이고, 보통 진한 푸른색이지만 붉은 색과 흰색도 있다.

갈퀴 같은 꽃받침

꽃뿔

흰꽃

꽃부리

잎

생육지	높은 산의 숲 속
식물형	여러해살이풀
크 기	10-25㎝
개화기	4-5월
결실기	5-6월

자주괴불주머니

Corydalis incisa (Thunb.) Pers.

남부지방에 많이 자라지만 중부지방에서도 가끔 볼 수 있다. 뿌리는 긴 타원형으로 땅속에 덩이줄기가 발달하지 않는다. 줄기는 연약하며, 가지가 갈라지고, 겉에 능선이 있어 단면이 오각형이다. 잎은 어긋나며, 위로 갈수록 잎자루가 짧아진다. 뿌리에서 난 잎은 2번 3갈래로 갈라지는 깃꼴겹잎이고, 길이 3-8cm다. 꽃은 가지 끝 총상꽃차례에 피며, 보통 붉은 보라색이지만 드물게 흰색도 있고, 길이 2.0-2.5cm다. 꽃차례는 길이 3-18cm다. 꽃싸개잎은 부채 모양이다. 수술은 6개다.

꽃뿔

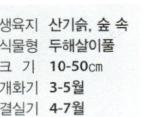

생육지	산기슭, 숲 속
식물형	두해살이풀
크 기	10-50cm
개화기	3-5월
결실기	4-7월

점현호색

Corydalis maculata B. U. Oh et Y. S. Kim

꽃이 크고, 잎에 흰 반점이 있는 현호색이다. 경기도 천마산·유명산, 강원도 가리산·공작산, 충청북도 월악산, 경상북도 주흘산 등에 자라는 한국 특산식물이다. 땅속 덩이줄기는 둥글며, 지름 1-2cm이고, 안쪽은 노란색이다. 꽃은 총상꽃차례에 5-20개가 피며, 푸른색 계열이지만 가끔 흰색도 있고, 길이 2.5-3.0cm다. 꽃싸개잎은 달걀 모양으로 길이 1.0-1.5cm이며, 끝이 손바닥 모양으로 갈라진다.

흰 점이 있는 잎

생육지	숲 속
식물형	여러해살이풀
크 기	10-25cm
개화기	3-4월
결실기	3-5월

큰 꽃

산괴불주머니

Corydalis speciosa Maxim.

마을 근처, 산속 조림지 등 인간에 의한 교란이 일어나는 곳에 침입해 흔하게 자란다. 새싹을 낸 채로 겨울을 나기도 한다. 땅속에 덩이줄기가 없는 현호색속 식물이다. 줄기는 곧추서며, 가지가 갈라진다. 잎은 어긋나며, 2번 깃꼴로 갈라지는 겹잎이고, 길이 10-15㎝다. 잎몸의 마지막 갈래는 가늘고 긴 타원형으로 끝이 뾰족하다. 꽃은 밝고 진한 노란색이다. 꽃차례는 길이 5-25㎝다. 꽃싸개잎은 둥근 피침형이며, 갈라지기도 한다.

생육지	산과 들
식물형	두해살이풀
크 기	30-50㎝
개화기	3-6월
결실기	4-7월

열매

가늘게
갈라진 잎

총상꽃차례

들현호색

Corydalis ternata Nakai

저지대의 양지바른 들판 또는 논밭 둑에 자란다. 중부 이남에서 주로 발견되지만, 북부지방을 거쳐 만주 지방까지 분포한다. 덩이줄기는 땅속줄기에 여러 개가 달리는데, 모양이 둥글지 않다. 잎은 어긋나며, 작은잎 3장으로 이루어진 겹잎이다. 잎 가장자리는 얕게 또는 깊게 갈라져서 변이가 심하다. 꽃은 총상꽃차례에 피며, 붉은보라색 계통이고, 길이 1.8-2.0cm다. 같은 곳에 사는 덩이줄기가 있는 현호색 종류들에 비해 꽃이 조금 늦게 핀다.

잎(부분)

가는 꽃봉

생육지	들판 양지, 밭둑
식물형	여러해살이풀
크 기	10-30cm
개화기	4-5월
결실기	5-7월

금낭화

Dicentra spectabilis (L.) Lem.

제주도를 제외한 전국의 산속 집터, 절터에
야생 상태로 퍼져 있지만 오래전에 외국에서
도입된 것으로 추정된다. 꽃이 아름다워 관
상용으로 심어 키운다. 줄기는 곧추서며, 가
지가 갈라지기도 한다. 잎은 어긋나며, 2-3
번 깃꼴로 갈라지는 겹잎이다. 꽃은 옆 또는
아래로 늘어져 활처럼 휜 길이 20-30㎝의
총상꽃차례에 밑을 향해 주렁주렁 달리며,
연한 붉은색이고, 심장 모양이다. 꽃잎은 4장
이며, 바깥쪽 2장은 끝이 구부러져 밖으로
젖혀지고, 안쪽 2장은 합쳐져서
돌기처럼 된다. 수술은 6개이고,
암술은 1개다. 열매는 긴 타원형
삭과다.

생육지	산 속의 집터, 절터
식물형	여러해살이풀
크 기	50-70㎝
개화기	5-6월
결실기	6-8월

심장 모양의 꽃

모양이
다른 꽃잎

매미꽃

양귀비과 80

Hylomecon hylomeconoides (Nakai) Y. N. Lee
멸종위기종

전라북도, 전라남도, 경상남도의 산에 드물게
자라는 한국 특산식물이다. 피나물에 비해서
잎을 달고 있는 줄기가 없으며, 꽃은 보다 많
이 달리고, 늦게 피므로 구분된다. 뿌리줄기
가 굵고 짧은 점도 피나물과 다르다. 잎은 모
두 뿌리에서 모여나며, 작은잎 3-7장으로 된
깃꼴겹잎이다. 잎을 자르면 빨간 즙이 나온
다. 꽃은 봄부터 초여름까지 피며, 노란색으로
지름이 2-3㎝다. 꽃받침잎은 2장이며, 넓은
타원형이다. 꽃잎은
보통 4장이며, 둥근
달걀 모양이다.
수술이 많다.

수술

꽃잎

생육지	숲 속
식물형	여러해살이풀
크 기	20-30㎝
개화기	5-7월
결실기	5-7월

피나물

Hylomecon vernale Maxim.

줄기와 잎을 자르면 노란빛이 도는 붉은 즙이
나오므로 우리말 이름이 붙여졌다. 전라남도
백암산 이북의 숲 속에 자란다. 줄기는 연약
하다. 줄기에 난 잎은 어긋나며, 잎자루가 짧
고, 작은잎 3-5장으로 된 겹잎이다. 꽃은 줄
기 끝 부분의 잎겨드랑이에서 1-3개씩 피며,
노란색이고, 지름 3㎝쯤이다. 꽃받침잎은 2
장이며, 녹색이고, 일찍 떨어진다. 꽃잎은 보
통 4장이며, 마주난 2장
이 조금 더 크고,
윤이 조금 난다.
열매는 삭과이며,
기둥 모양으로
길이 3-5㎝다.

꽃잎

수술

생육지 **숲 속**
식물형 **여러해살이풀**
크 기 **20-40㎝**
개화기 **4-5월**
결실기 **4-6월**

큰산장대

Arabis gemmifera (Matsum.) Makino

전국의 높은 산 숲 속에 무리를 지어 자란다. 줄기는 모여나며, 보통 아래쪽이 누워서 자란다. 뿌리에서 난 잎은 달걀 모양 또는 타원형으로 길이 2-3㎝이며, 깃꼴로 갈라지고, 가장자리에 둔한 톱니가 있다. 줄기에 난 잎은 어긋나며, 타원형, 잎자루가 매우 짧고, 끝이 뾰족하다. 꽃은 줄기나 가지 끝 총상꽃차례에 달리며, 흰색이고, 지름 5-7㎜다. 꽃받침잎은 4장이며, 타원형이다. 꽃잎은 4장이며, 꽃받침잎보다 2배쯤 길다.

생육지	높은 산의 숲 속과 능선
식물형	여러해살이풀
크 기	15-30㎝
개화기	5-6월
결실기	6-8월

4개의 긴 수술

십자 모양의 꽃잎

냉이

Capsella bursapastoris (L.) Medik.

전체에 털이 많다. 뿌리는 곧고 흰색이다. 뿌리에서 난 잎은 땅 위에 퍼지며, 깃꼴로 갈라지고, 길이 10㎝쯤이다. 줄기에 난 잎은 어긋나며, 피침형이고, 밑이 귓불 모양으로 되어 줄기를 반쯤 감싼다. 꽃은 가지 끝 총상꽃차례에 달리며, 흰색이다. 꽃받침잎은 4장이며, 타원 모양이다. 꽃잎은 4장이며, 주걱 모양으로 길이 2.0-2.5㎜다. 수술은 6개이며, 그 가운데 4개가 더 길다. 암술은 1개다. 뿌리, 줄기, 잎을 한약재로 쓰며, 어린 순과 뿌리는 나물로 먹는다.

암술머리

십자 모양의 꽃잎

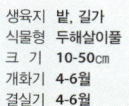

생육지 밭, 길가
식물형 두해살이풀
크 기 10-50cm
개화기 4-6월
결실기 4-6월

꽃황새냉이

Cardamine amaraeformis Nakai

높은 산 계곡의 습기가 많은 곳에 자란다. 줄
기에 난 잎은 어긋나며, 작은잎 3-7장으로 된
겹잎이다. 작은잎은 피침형이며, 톱니가 조금
있다. 꽃은 줄기나 가지 끝의 총상꽃차례에
달리며, 흰색이고, 지름 1.5㎝쯤이다. 꽃받침
잎은 4장이며, 끝이 둔하다. 꽃잎은 4장이며,
길이 1㎝쯤이다. 수술은 사강웅예로 6개 가
운데 4개가 더 길며, 암술은 1개다. 큰황새
냉이에 비해서 꽃잎의 길이가 2배쯤
길어 구분된다.

생육지	높은 산의 계곡
식물형	여러해살이풀
크 기	15-50㎝
개화기	4-6월
결실기	7-9월

잎(부분)

십자 모양의
꽃잎

꽃자루

황새냉이

Cardamine flexuosa With.

논밭 근처의 습지에 무리를 지어 자란다. 줄기는 아래쪽에서 가지가 많이 갈라지고, 검붉은빛이 돈다. 잎은 어긋나며, 작은잎 3-17장으로 이루어진 깃꼴겹잎이다. 꽃은 줄기와 가지 끝에 총상꽃차례를 이루어 달리며, 흰색이다. 꽃받침잎은 4장이며, 둥글고 긴 타원형이며, 검붉은빛이 돈다. 꽃잎은 달걀 모양이며, 길이가 꽃받침잎의 2배 정도다. 수술은 6개 가운데 4개가 더 길다. 어린 잎은 나물로 먹는다. 좁쌀냉이는 건조한 곳에 자라며, 줄기가 곧추서고, 잎이 더욱 작아서 구분된다.

생육지 **논, 밭, 습지**
식물형 **두해살이풀**
크 기 **10-30㎝**
개화기 **4-5월**
결실기 **5-7월**

가늘게
갈라진 잎

느쟁이냉이

Cardamine komarovi Nakai

깊은 계곡의 습지에 자란다. 뿌리에서 난 잎은
모여나며, 길이 8cm쯤이고, 가을에 새로 나
서 눈 속에서 겨울을 나는 경우가 많다. 줄기
에 난 잎은 어긋나며, 길이 2-8cm다. 잎과 잎
가장자리 모양은 변이가 심하다. 꽃은 줄기나
가지 끝 총상꽃차례에 피며, 흰색이고, 지름
1cm쯤이다. 꽃받침잎과 꽃잎은 4장씩이다.
열매는 장각이며, 길이 2-3cm다. 어린 순은
나물로 먹기도 하는데,
날로 먹으면
매운맛이 난다.

생육지	계곡 주변
식물형	여러해살이풀
크 기	30-50cm
개화기	4-6월
결실기	6-9월

암술

수술

꽃잎

뿌리에서 난
둥근 잎

미나리냉이

Cardamine leucantha (Tausch) O. E. Schulz

냇가와 계곡에 흔하게 자란다. 전체에 연하고 짧은 털이 난다. 줄기는 곧추서며, 위쪽에서 가지가 갈라진다. 잎은 어긋나며, 길이 15㎝쯤이고, 작은잎 3-7장으로 이루어진 겹잎이다. 꽃은 줄기나 가지 끝 총상꽃차례에 피며, 흰색이고, 지름 1㎝쯤이다. 꽃받침잎은 타원형이며, 녹색이다. 꽃잎은 타원형이며, 길이 8-10㎜다. 수술은 6개이고, 그 가운데 4개가 더 길다. 암술은 1개다. 열매는 장각이다. 어린 순은 나물로 먹으며, 뿌리줄기는 약재로 쓴다.

꽃봉오리

수술

암술

꽃잎

생육지	냇가, 계곡 주변
식물형	여러해살이풀
크 기	30-70㎝
개화기	4-6월
결실기	7-9월

꽃다지

Draba nemorosa L.

밭, 길가 등 저지대 양지바른 곳에 흔하게 자란다. 들판에 자라는 식물 가운데 봄에 일찍 꽃이 피는 식물로 꼽을 수 있다. 전체에 흰 털과 별 모양 털이 많다. 줄기는 곧추선다. 꽃은 줄기 끝 총상꽃차례에 피며, 노란색이다. 꽃받침잎은 4장이며, 타원형이다. 꽃잎은 4장이며, 길이 3㎜쯤이다. 암술대는 매우 짧아서 없는 것처럼 보인다. 열매는 타원형 각과다. 우리말 이름은 꽃이 다닥다닥(닥지닥지) 핀 모습에서 유래하였다는 설이 있지만 명확하지 않다.

생육지	밭, 길가
식물형	두해살이풀
크 기	10-30㎝
개화기	3-5월
결실기	4-6월

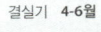

총상꽃차례

암술

수술

꽃잎

노란장대

Sisymbrium luteum (Maxim.) O. E. Schulz

내륙에서는 비교적 높은 산에 자라지만, 서해안 섬에는 저지대에서도 생육한다. 전체에 흰색 털이 퍼져 난다. 뿌리는 굵고, 깊게 들어간다. 줄기는 곧추선다. 잎은 어긋나며, 잎자루에 날개가 있다. 밑의 잎은 긴 타원형이며, 깃꼴로 갈라지고, 잎자루가 길다. 위의 잎은 달걀 모양 또는 달걀 모양 타원형으로 길이 8-12㎝, 폭 3-5㎝다. 잎 가장자리에 불규칙한 톱니가 있다. 꽃은 줄기 끝 총상꽃차례에 피며, 노란색이다. 꽃받침잎은 넓은 선형으로 길이 7-9㎜다. 꽃잎은 4장이며, 주걱 모양으로 길이 1.0-1.3㎝다. 열매는 장각이며, 길이 8-10㎝다.

생육지	높은 산의 양지 숲 속
식물형	여러해살이풀
크 기	80-120㎝
개화기	5-7월
결실기	7-9월

꽃잎

총상꽃차례

말냉이

Thlaspi arvense L.

유라시아 원산으로 전국의 들판, 밭가에 자라는 귀화식물이다. 전체에 털이 없다. 줄기는 곧추선다. 줄기에 난 잎은 어긋나며, 피침형으로 길이 3-6㎝, 폭 1.0-2.5㎝이고, 가장자리가 톱니 모양이다. 잎자루는 없다. 줄기 위쪽의 잎은 줄기를 조금 감싼다. 꽃은 줄기 끝 총상꽃차례에 달리며, 흰색이고, 지름 0.5-1.0㎝다. 꽃자루는 길이 0.5-2.0㎝다. 꽃받침잎은 4장이며, 긴 타원형이고, 녹색이지만 가장자리가 흰빛이 난다. 꽃잎은 4장이며, 길이 3-5㎜다. 수술은 6개이며, 4개가 더욱 길다.

끝이 갈라진
열매

생육지	밭, 길가
식물형	두해살이풀
크 기	20-60㎝
개화기	4-5월
결실기	7-8월

고추냉이

Wasabia japonica (Miq.) Matsum.
멸종위기종

땅속줄기를 갈아서 매운맛이 나는 향신료 '고추냉이'를 만든다. 일본과 우리나라 울릉도에만 자생하는데, 울릉도 것은 일본인들이 심은 것이라는 설이 있다. 하지만, 무인지경의 깊은 계곡에서 자라는 것으로 보아 자생설도 일리가 있다. 뿌리에서 난 잎은 길이와 폭이 각각 8-10cm이고, 가장자리에 톱니가 있다. 줄기에 난 잎은 길이 3-4cm. 꽃은 줄기 끝 총상꽃차례에 피며, 흰색이다. 꽃받침잎은 타원형으로 길이 4mm쯤이다. 꽃잎은 긴 타원형으로 길이 6mm쯤이다. 수술은 사강웅예이고, 암술은 1개다.

암술
꽃잎
6개의
수술

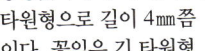

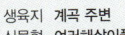

생육지 계곡 주변
식물형 여러해살이풀
크 기 20-40cm
개화기 3-4월
결실기 6-8월

히어리

Corylopsis coreana Uyeki

멸종위기종

'송광납판화'라고도 부른다. 주로 전라북도, 전라남도, 경상남도 등 남부지방에 드물게 자라지만 경기도 포천 백운산, 강원도 강릉에서도 최근에 발견되었다. 세계적으로 우리나라에만 자라는 특산식물이다. 잎은 어긋나며, 달걀 모양 원형으로 길이 5-9㎝, 폭 4-8㎝이고, 가장자리에 물결 모양의 뾰족한 톱니가 있다. 가을철에 잎이 노랗게 물드는 단풍이 아름답다. 꽃은 잎보다 먼저 피며, 길이 3-4㎝의 총상꽃차례에 8-12개씩 달리고, 노란색이다. 꽃받침, 꽃잎, 수술은 5개씩이다.

잎

열매

꽃받침

수술

꽃잎

생육지	산기슭
식물형	낙엽 떨기나무
크 기	3-5m
개화기	3-4월
결실기	7-9월

돌나물

Sedum sarmentosum Bunge

양지바른 바위 겉이나 땅 위에 흔하게 자란
다. 나물로 재배하기도 한다. 줄기는 땅 위를
기며, 밑에서 가지가 갈라지고, 마디에서 수
염뿌리가 내린다. 잎은 보통 3장씩 돌려나며,
잎자루가 없다. 꽃은 취산꽃차례로 피며, 노
란색이다. 꽃받침잎은 5장이다. 꽃잎은 5장
이며, 긴 타원형이다. 수술은 10개이며, 꽃잎
보다 길이가 짧다. 암술은 5개다. 열매는
골돌이며, 비스듬히 벌어진다. 연한
순은 나물로 먹거나
물김치를 담가 먹는다.

꽃받침

꽃잎

수술

생육지 **양지바른 바위 겉이나 땅 위**
식물형 **여러해살이풀**
크 기 **20-30cm**
개화기 **5-6월**
결실기 **8-10월**

돌단풍

Aceriphyllum rossii (Oliv.) Engl.

바위지대에서 자라며 잎이 단풍나무 잎을 닮아서 우리말 이름이 붙여졌다. 충청북도 속리산 이북의 계곡 바위틈에 자란다. 뿌리줄기는 굵다. 잎은 뿌리에서 모여나며, 5-7갈래로 갈라진 단풍잎 모양이고, 가장자리에 잔톱니가 있다. 잎자루는 길다. 꽃은 뿌리에서 난 높이 30-50㎝의 꽃줄기에 원추형 취산꽃차례로 피며, 연한 붉은빛을 띤 흰색이고, 지름 1.2-1.5㎝다.

꽃봉오리

생육지	계곡 바위틈
식물형	여러해살이풀
크 기	15-30㎝
개화기	4-5월
결실기	6-8월

꽃받침(긴 것)

꽃잎(짧은 것)

애기괭이눈

Chrysosplenium flagelliferum F. Schmidt

꽃이 진 다음 덩굴처럼 **뻗어나간** 줄기 끝에서 커다란 로제트형 잎이 생겨서 완전히 다른 식물처럼 보인다. 계곡 물가에 자란다. 꽃줄기는 털이 없고, 높이 3-15㎝다. 꽃싸개잎은 달걀 모양이며, 톱니가 3-5개 있다. 꽃은 매우 일찍 느슨한 취산꽃차례로 피고, 지름 3-6㎜다. 꽃받침잎은 넓은 타원형이며, 수평으로 벌어지고, 녹색이지만 꽃밥이 터질 때 노란색을 조금 띠기도 한다. 수술은 8개이고, 꽃밥은 노란색이다. 열매는 삭과이며, 수평으로 벌어져서 잔 모양이 된다. 씨는 갈색이다.

8개의
수술

생육지	깊은 계곡 물가
식물형	여러해살이풀
크 기	**5-15㎝**
개화기	**3-4월**
결실기	**4-6월**

옆으로 벌어진
꽃받침

산괭이눈

Chrysosplenium japonicum (Maxim.) Makino

무성지는 생기지 않으며, 밑부분의 잎겨드랑이에서 잔털로 덮인 육아가 생긴다. 잎은 어긋난다. 줄기 아래쪽의 잎은 털이 조금 있으며, 신장형 또는 원형이고, 잎자루는 길이 6㎝에 이른다. 꽃줄기는 높이 5-20㎝다. 꽃은 6-15개가 빽빽하게 모여 취산꽃차례를 이루어 피며, 지름 3-4㎜다. 꽃싸개잎은 녹색이며, 3-5개의 둥근 톱니가 있고, 털이 거의 없다. 꽃받침잎은 꽃잎처럼 보이며, 수평으로 펼쳐지고, 녹색이지만 꽃밥이 터질 때 아래쪽이 진한 노란색으로 되기도 한다.

생육지	숲 속, 계곡 주변
식물형	여러해살이풀
크 기	10-15㎝
개화기	4-5월
결실기	5-7월

꽃싸개잎

옆으로 벌어진
꽃받침

흰털괭이눈

Chrysosplenium pilosum Maxim.
var. *fulvum* (A. Terracc.) H. Hara

산속 많은 곳에 자란다. 같은 종에 속하는 서로 다른 변종인 금괭이눈에 비해서 꽃줄기, 무성지, 잎에 털이 많다. '큰괭이눈'이라고도 부른다. 잎은 마주난다. 여름철 무성지에 난 잎은 길이 3㎝, 폭 2.5㎝에 이르고, 달걀 모양 또는 넓은 타원형이며, 가장자리에 4-8개의 둥근 톱니가 있다. 꽃은 취산꽃차례로 핀다. 꽃싸개잎은 녹색으로서 꽃이 필 때도 노란색으로 거의 변하지

않는다. 꽃과 열매의 크기는 금괭이눈의 1.3배로서 전체적으로 크다. 일본에도 분포한다.

꽃싸개잎

수직으로 선
꽃받침

생육지	계곡 주변 습기 많은 숲 속
식물형	여러해살이풀
크 기	5-15㎝
개화기	3-4월
결실기	5-7월

금괭이눈

Chrysosplenium pilosum Maxim.
var. *valdepilosum* Ohwi

줄기 아래쪽 잎의 잎겨드랑이에서 무성지가
1-2쌍 발달한다. 무성지는 자줏빛이 돌며, 위
로 갈수록 마디가 짧다. 잎 앞면은 흰색 털이
조금 나며, 뒷면은 털이 거의 없다. 잎자루와
무성지에는 긴 털이 있으며, 여름철이 되면 털
이 더 많아진다. 꽃이 피는 줄기는 높이 5-15
㎝이며, 자줏빛이 돌고, 마주나는 잎이 1-2
쌍 달린다. 꽃싸개잎은 꽃밥이 터질 때 노란
색을 띠다가 수정이 끝나면 녹색으로 변한
다. 꽃은 취산꽃차례로 피며, 지름 2.0-2.5㎜
다. 꽃받침잎은 꽃잎처럼 보이며, 수직으로
선다. 수술은 8개
이고, 꽃밥은
노란색이다.

수직으로 선
꽃받침

생육지	계곡 주변 습기 많은 숲 속
식물형	여러해살이풀
크 기	5-15㎝
개화기	4-5월
결실기	4-7월

선괭이눈

Chrysosplenium pseudofauriei H. Lév.

경기도, 강원도, 전라남도, 경상북도, 제주도
의 높은 산에 자란다. 꽃이 진 후에 무성지가
발달하며, 그 끝에서 뿌리가 내려 로제트형
잎이 나는데, 길이 4-6cm, 폭 3-4cm다. 우리
나라의 괭이눈속 식물 가운데 로제트형 잎이
가장 크다. 줄기의 잎은 마주나며, 달걀 모양
으로 길이 2cm, 폭 1.2cm쯤이다. 꽃이 피는 줄
기는 높이 5-12cm이며, 잎이 2-3쌍 달린다.
꽃은 취산꽃차례로 핀다. 꽃싸개잎은 꽃밥
이 터질 시기에 노란색이지만 수정
후에는 녹색으로 변한다. 꽃받침잎
은 꽃잎처럼 보이며, 수직으로 서고,
노란색이다. 수술은 8개이고, 꽃밥
은 노란색이다.

생육지	높은 산의 숲 속
식물형	여러해살이풀
크 기	10cm
개화기	4-5월
결실기	5-7월

꽃싸개잎

수직으로 선
꽃받침

가지괭이눈

Chrysosplenium ramosum Maxim.

강원도, 경상북도 및 북부지방의 높은 산 습기가 많은 땅에 자란다. 잎은 마주나며, 원형에 가까운 부채꼴이다. 무성지의 잎은 길이 0.5-2.2㎝, 폭 0.5-2.5㎝이며, 위쪽 잎 앞면에 짧은 털이 드물게 난다. 꽃이 피는 줄기는 높이 5-15㎝, 위쪽에 가지가 갈라지며, 위쪽에 긴 털이 있고, 잎이 1-2쌍 난다. 꽃은 느슨한 취산꽃차례에 달리며, 녹색이고, 지름 3-5㎜다. 우리나라의 괭이눈속 식물 가운데 꽃이 가장 늦게 핀다. 꽃받침잎은 꽃잎처럼 보이며, 녹색이고, 꽃밥이 터질 시기에 수평으로 펼쳐진다.

꽃싸개잎

꽃받침

생육지	높은 산의 숲 속
식물형	여러해살이풀
크 기	7-15㎝
개화기	5-6월
결실기	7-8월

바위말발도리

Deutzia grandiflora Bunge
var. *baroniana* (Diels) Rehder

멸종위기종

남한에서는 경기도 명성산, 강원도 철원 지방
의 산에 자라며, 북부지방을 거쳐 만주 지방까
지 분포한다. 바위지대에 자란다. 잎은 마주
나며, 달걀 모양 또는 타원형으로 길이 1.5-
7.0㎝, 폭 0.8-4.0㎝이고, 가장자리에 잔 톱
니가 있다. 잎 양면은 별 모양 털이 난다. 꽃
은 새가지 끝에서 1-3개씩 피며, 흰색이다.
꽃잎은 긴 타원형으로 길이 1.2-1.5㎝다. 수
술은 10개이고, 암술대는 3개다. 열매는 삭과
다. 지난해 가지에서 꽃이 피는 매화말발도리
와 달리 봄에 새로 난 가지 끝에서
꽃이 핀다.

생육지	바위틈
식물형	낙엽 떨기나무
크 기	1-3m
개화기	4-5월
결실기	9-10월

꽃잎   수술

매화말발도리

Deutzia uniflora Shirai

산과 계곡 바위틈에 자란다. 오래된 가지는 껍질이 벗겨져 회백색이다. 새가지는 녹색이고 지난해 가지는 붉은빛을 띤다. 잎 양면에 4-5 갈래로 갈라진 별 모양 털이 많다. 잎자루는 길이 3-5㎜다. 꽃은 지난해 가지의 잎겨드랑이에 1-2개씩 달리며, 흰색이다. 꽃자루는 길이 2-5㎜이고, 별 모양 털이 난다. 꽃잎은 길이 1.5-2.0㎝다. 수술은 10개이며, 수술대 양쪽에 날개가 있다. 열매는 삭과이며, 겉에 별 모양 털이 난다. 바위에서 자라기 때문에 바위말발도리로 오인하는 경우가 많다.

꽃잎

생육지	산 속 바위틈
식물형	낙엽 떨기나무
크 기	0.8-1.5m
개화기	4-5월
결실기	8-10월

말발도리

Deutzia parviflora Bunge

제주도를 제외한 전국의 산에 자라며, 북부
지방을 거쳐 만주까지 분포한다. 늙은 가지는
검은빛이 도는 회색이고, 어린 가지는 회색이
도는 갈색이다. 잎은 마주나며, 타원형 또는 둥
근 타원형으로 길이 6-8㎝, 폭 2-4㎝이고,
양끝이 뾰족하다. 잎 가장자리에 잔 톱니가
있고, 양면에 별 모양 털이 난다. 꽃은 산방
꽃차례로 피며, 흰색이다. 꽃잎은 5장이다.
수술은 10개이며, 암술대는 3개다. 물참대
는 줄기의 속이 비어 있고, 껍질이 벗겨지며,
어린 가지가 붉은갈색이고, 잎과 열
매에 털이 없으므로
구분된다.

생육지	숲 속
식물형	낙엽 떨기나무
크 기	2-4m
개화기	5-6월
결실기	8-10월

수술

꽃잎

고광나무

Philadelphus schrenkii Rupr.

어린 가지에 털이 조금 나며, 오래된 가지는 껍질이 벗겨진다. 잎은 마주나며, 달걀 모양 또는 둥근 타원형으로 길이 5-10㎝, 폭 3-5㎝이고, 양끝이 뾰족하다. 잎 가장자리에 뚜렷하지 않은 톱니가 있다. 꽃은 가지 끝이나 잎겨드랑이에서 총상꽃차례를 이루어 6-10개씩 달리며, 흰색이고, 지름 2.5-4.0㎝다. 꽃잎은 4장이며, 둥근 달걀 모양이다. 중부 이북에 분포하는 엷은잎고광나무는 암술대에 털이 없으며, 잎이 더 얇고, 어린 가지, 잎자루, 꽃자루에 3갈래로 갈라진 털이 나므로 다르다.

꽃잎

수술

생육지	숲 속
식물형	낙엽 떨기나무
크 기	2-4m
개화기	5-6월
결실기	9-10월

까마귀밥여름나무

Ribes fasciculatum Siebold et Zucc.
var. *chinense* Maxim.

줄기는 가시가 없으며, 가지가 갈라진다. 잎은 어긋나며, 넓은 달걀 모양으로 길이 3-10㎝, 폭 3-8㎝다. 잎 뒷면에 부드러운 흰색 털이 많다. 꽃은 암수딴그루 또는 암수한그루로 피며, 짧은가지 끝에 2-5개씩 모여 달리고, 연한 노란색이다. 암꽃에 비해 수꽃의 꽃자루가 길다. 수꽃의 꽃받침조각은 둥근 타원형이고, 꽃잎은 달걀 모양이며 뒤로 젖혀진다. 암꽃의 꽃받침통은 술잔 모양이며, 꽃잎은 삼각형이다. 열매는 둥근 장과이며, 붉게 익고, 맛이 쓰다. 씨는 연한 노란색이며, 겉에 점액질이 있다.

생육지	산기슭, 숲 속
식물형	낙엽 떨기나무
크 기	1.0-1.5m
개화기	4-5월
결실기	8-10월

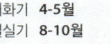

열매

명자순

Ribes maximowiczianum Kom.

제주도를 제외한 전국에 분포하지만 높은 산에서만 드물게 자란다. 잎은 어긋나며, 3-5갈래로 갈라진 손바닥 모양으로 길이 2-6㎝, 폭 2-5㎝이고, 갈래 끝이 뾰족하다. 꽃은 암수딴그루로 피며, 가지 끝 총상꽃차례에 달리고, 노란빛이 도는 녹색이다. 암꽃차례에는 2-6개의 암꽃이 달리고, 수꽃차례에는 7-10개의 수꽃이 달린다. 꽃받침조각은 타원형이고, 꽃잎은 달걀 모양이다. 열매는 장과이며, 1-5개씩 달리고, 붉게 익는다.

열매

수꽃

생육지	높은 산의 숲 속
식물형	낙엽 떨기나무
크 기	0.8-1.5㎝
개화기	4-5월
결실기	8-10월

돈나무

Pittosporum tobira (Thunb.) Aiton

바닷가 산기슭에 자란다. 줄기는 가지가 많이 갈라진다. 잎은 가지 끝에 모여 마주나며, 두껍고, 가죽질이다. 꽃은 가지 끝에 취산꽃차례로 피며, 향기가 나고, 처음에는 흰색이지만 나중에 노란색으로 변한다. 꽃받침조각은 5장이며, 달걀 모양이다. 꽃잎은 5장이며, 주걱 모양이다. 수술은 5개다. 열매는 삭과이며, 원형 또는 넓은 타원형으로 지름1.0-1.5㎝이고, 익으면 3-4갈래로 터져서 붉은 씨가 나온다. 꽃이 아름답고 향기가 나며, 상록수이므로 남부지방에서는 화단에 심어 기르기도 한다.

열매

생육지	바닷가의 산기슭
식물형	상록 떨기나무
크 기	2-3㎝
개화기	5-6월
결실기	9-11월

수술

암술

꽃잎

눈개승마

Aruncus sylvester Kostel. ex Maxim.

잎은 어긋나며, 2-3번 갈라지는 깃꼴겹잎이고, 노루오줌의 잎과 비슷하다. 작은잎은 좁은 달걀 모양으로 길이 3-10cm, 폭 1-6cm이며, 끝이 뾰족하고, 가장자리에 톱니가 있다. 꽃은 암수딴포기로 피며, 줄기 끝에 길이 10-30cm의 원추꽃차례를 이루어 달리고, 노란빛이 도는 흰색이다. 수꽃은 암꽃보다 조금 크다. 꽃잎은 5장이며, 주걱 모양이다. 수술은 20개쯤이며, 꽃잎보다 훨씬 길다. 암꽃은 곧추서며, 씨방이 3개다. 울릉도에서는 '삼나물'이라 하며 나물로 재배한다.

생육지	숲 속
식물형	여러해살이풀
크 기	80-200cm
개화기	5-7월
결실기	7-9월

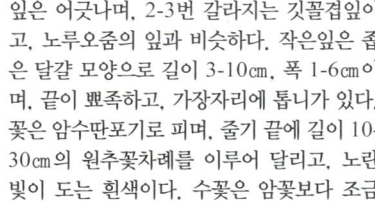

수꽃

산사나무

Crataegus pinnatifida Bunge

전국의 산에 자라며, 북부지방을 거쳐 만주, 우수리, 아무르까지 분포한다. 줄기는 가시가 있고, 줄기 껍질은 회색이다. 잎은 어긋나며, 달걀 모양으로 길이 6-8㎝, 폭 5-6㎝이고, 깃꼴로 갈라진다. 잎 가장자리에 불규칙한 톱니가 있다. 꽃은 15-20개가 산방꽃차례로 피며, 흰색이고, 지름 1.0-2.0㎝다. 꽃받침은 종 모양이며, 겉에 털이 난다. 꽃잎은 5장이다. 수술은 20개쯤이고, 암술대는 3-5개다. 열매는 둥근 이과이며, 붉게 익고, 흰 반점이 있다. 열매를 먹을 수 있다.

열매

수술

꽃잎

생육지	저지대 숲 속
식물형	낙엽 작은키나무
크 기	**4-8m**
개화기	**4-5월**
결실기	**8-10월**

뱀딸기

Duchesnea chrysantha (Zoll. et Moritzi) Miq.

전체에 긴 털이 많다. 줄기는 땅 위에 길게 뻗으며, 마디에서 뿌리가 내려 번식한다. 잎은 어긋나며, 작은잎 3장으로 된 겹잎이다. 꽃은 잎겨드랑이의 긴 꽃자루에 1개씩 피며, 노란색이고, 지름 1.5-2.0㎝다. 부꽃받침잎은 꽃받침잎보다 조금 크다. 꽃잎은 5장이며, 넓은 달걀 모양으로 길이 5-10㎜다. 열매는 수과이며, 육질의 붉은 꽃턱 겉에 흩어져 붙어 있다. 열매덩이는 둥글며, 지름 1㎝쯤이고, 먹을 수 있다.

열매

암술

수술

꽃잎

부꽃받침

꽃받침

생육지	풀밭, 숲 가장자리
식물형	여러해살이풀
크 기	**10-15㎝**
개화기	**4-5월**
결실기	**5-7월**

가침박달

Exochorda serratifolia S. Moore

산기슭에 드물게 자라지만, 석회암 지대에서
는 비교적 흔하다. 어린 가지는 붉은빛이 도
는 갈색이다. 잎은 어긋나며, 타원형, 긴 타
원형 또는 도피침형으로 길이 5-9㎝, 폭 3-5
㎝이고, 가장자리 위쪽에 톱니가 있다. 잎 뒷
면은 흰색을 띤다. 잎자루는 길이 1-2㎝다.
꽃은 새가지 끝의 총상꽃차례에 4-8개씩 달
리며, 향기가 있고, 흰색, 지름 3.5-4.0㎝다.
꽃받침조각은 5개이며, 달걀 모양이다. 꽃잎
은 5장이며, 달걀 모양이고, 끝이 오목하다.
수술은 25개쯤이고, 암술은 5개다.

잎

생육지	산기슭
식물형	낙엽 떨기나무
크 기	2-5m
개화기	4-5월
결실기	9-10월

수술

꽃잎

열매

야광나무

Malus baccata (L.) Borkh.

줄기는 회색이 도는 갈색이다. 잎은 어긋나며, 달걀 모양 또는 타원형으로 길이 3.0-8.0 ㎝, 폭 1.5-3.5㎝이고, 가장자리에 잔 톱니가 있다. 잎자루는 길이 1.5-5.0㎝이며, 어릴 때 털이 있지만 없어진다. 꽃은 짧은가지 끝에 산형꽃차례로 피며, 흰색이고, 지름 3-4㎝다. 꽃잎은 둥근 달걀 모양으로 길이 1.5-2.0㎝다. 수술은 20개쯤이고, 암술대는 4-5개다. 열매는 둥근 이과이며, 지름 1-2㎝이고, 노란색 또는 붉은색으로 익는다.

생육지	계곡 주변, 강가
식물형	낙엽 작은키나무
크 기	4-10m
개화기	5-6월
결실기	8-10월

꽃잎

돌양지꽃

Potentilla dickinsii Franch. et Sav.

전체에 누운 털이 많다. 뿌리는 굵고, 나무질
이다. 줄기는 가늘고 길다. 뿌리에서 난 잎은
작은잎 5-7장으로 이루어진 겹잎이거나 3출
겹잎이다. 줄기에 난 잎은 3출 또는 깃 모양
이다. 잎 양면에 드물게 털이 있거나 없다.
꽃은 가지 끝에 취산꽃차례로 피며, 노란색
이고, 지름 1㎝쯤이다. 꽃자루는 가늘다.
꽃받침잎은 5개이며, 달걀
모양이고, 끝이 뾰족하다.
꽃잎은 5장이며, 달걀 모양
이고, 끝이 둥글거나
조금 오목하다.
수술이 많다.

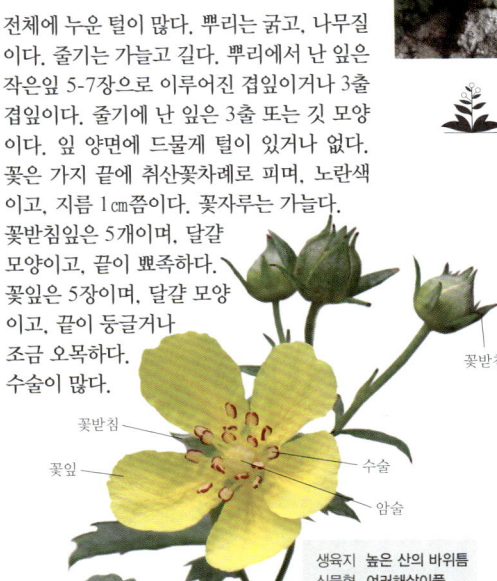

꽃받침

꽃받침
꽃잎
수술
암술
잎

생육지	높은 산의 바위틈
식물형	여러해살이풀
크 기	10-20㎝
개화기	6-8월
결실기	7-10월

양지꽃

Potentilla fragarioides L. var. *major* Maxim.

산과 들의 양지바른 곳에 흔하게 자란다. 전체에 긴 털이 있다. 줄기는 비스듬히 서며, 기는줄기가 없다. 뿌리에서 난 잎은 여러 장이 사방으로 퍼지며, 깃꼴겹잎이다. 줄기에 난 잎은 작은잎 3장으로 이루어진 겹잎이다. 꽃은 줄기 끝 취산꽃차례에 달리며, 노란색이고, 지름 1.5-2.0㎝다. 꽃잎은 5장이며, 끝이 오목하게 들어가고, 꽃받침잎보다 2배쯤 길다. 수술과 암술은 많다. 열매는 수과이며, 털이 있다.

작은잎

잎

암술

꽃잎

수술

생육지	산과 들의 양지
식물형	여러해살이풀
크 기	30-50㎝
개화기	4-6월
결실기	5-8월

세잎양지꽃

Potentilla freyniana Bornm.

기는줄기는 꽃이 진 다음에 나오며, 짧다. 뿌리에서 난 잎은 모여나며, 작은잎 3장으로 이루어진 겹잎이다. 작은잎은 긴 타원형 또는 달걀 모양으로 길이 2-5㎝, 폭 1-3㎝다. 줄기에 난 잎은 작은잎 3장으로 이루어지지만 조금 작다. 꽃은 취산꽃차례에 달리며, 노란색이고, 지름 1.0-1.5㎝다. 꽃받침잎은 5장이며, 끝이 날카롭다. 부꽃받침잎은 선형이다. 꽃잎은 5장이며, 달걀 모양의 원형이고, 끝이 오목하게 들어간다. 열매는 수과다. 작은잎이 3장 이상인 양지꽃에 비해서 잎은 항상 작은잎 3장으로만 이루어지므로 구분된다.

잎

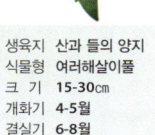

수술

암술

꽃잎

꽃자루

꽃받침

생육지	산과 들의 양지
식물형	여러해살이풀
크 기	15-30㎝
개화기	4-5월
결실기	6-8월

민눈양지꽃

Potentilla yokusaiana Makino

줄기는 땅 위를 긴다. 뿌리에서 난 잎과 줄기에 난 잎은 모두 작은잎 3장으로 이루어진 겹잎이다. 꽃은 취산꽃차례로 피며, 노란색이고, 지름 1.5-2.0㎝다. 꽃받침잎은 5장이며, 넓은 피침형이다. 부꽃받침잎은 끝이 3갈래로 갈라지기도 한다. 꽃잎은 5장이며, 꽃받침잎보다 1.5배쯤 길고, 끝이 오목하다. 열매는 수과이며, 털이 없다. 세잎양지꽃에 비해서잎 가장자리는 예리한 톱니가 있으며, 잎의 색깔은 조금 연한 녹색이므로 구분된다.

생육지	숲 속
식물형	여러해살이풀
크 기	10-20㎝
개화기	5-6월
결실기	7-9월

꽃잎

수술

이스라지

Prunus japonica Thunb.
var. *nakaii* (H. Lév.) Rehder

줄기는 가지가 많이 갈라진다. 잎은 어긋나
며, 달걀 모양으로 길이 4-8㎝, 폭 2.5-4.0㎝
이고, 가운데 부분이 가장 넓다. 잎 가장자리
에 날카로운 겹톱니가 있다. 잎자루는 길이 3
㎜쯤이며, 짧은 털이 있다. 꽃은 잎보다 먼저
지난해 가지에 1-5개씩 피며, 연한 분홍색 또
는 흰색이고, 지름 1.3-1.8㎝다. 꽃자루
는 길이 1-2㎝이며, 겉에 연한 털이
난다. 꽃받침잎은 꽃이 진 다음에
뒤로 젖혀진다. 꽃잎은 타원형
이다. 암술대에 털이 있다.
열매는 둥근 핵과이며,
붉게 익고, 먹을 수 있다.

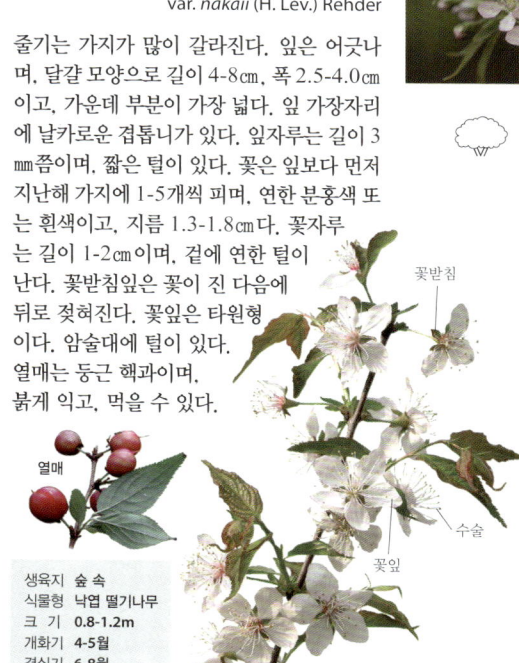

꽃받침

열매

꽃잎

수술

생육지	숲 속
식물형	낙엽 떨기나무
크 기	0.8-1.2m
개화기	4-5월
결실기	6-8월

산개벚지나무

Prunus maximowiczii Rupr.

높은 산에 드물게 자란다. 잎은 어긋나며, 타원형 또는 둥근 타원형으로 잎 가장자리에 거친 겹톱니가 있다. 잎 앞면은 녹색이고, 뒷면은 연한 녹색으로 잎줄 위에 털이 난다. 잎자루는 길이 0.8-1.5㎝이며, 누운 털이 있다. 꽃은 묵은 가지의 잎겨드랑이에서 난 길이 5-7㎝의 총상꽃차례에 3-5개씩 달리며, 흰색이고, 지름 1.5㎝쯤이다. 꽃 밑에 달리는 꽃싸개잎은 오래 남아 있다. 꽃대와 꽃자루에 부드러운 털이 난다. 꽃받침잎은 삼각형이며, 끝이 뾰족하고, 가장자리에 톱니가 있다. 꽃잎은 둥근 모양이며, 끝이 오목하게 되지 않는다.

꽃받침

암술

수술

꽃잎

생육지	높은 산
식물형	낙엽 큰키나무
크 기	10-15m
개화기	5-6월
결실기	6-8월

매실나무

Prunus mume Siebold et Zucc.

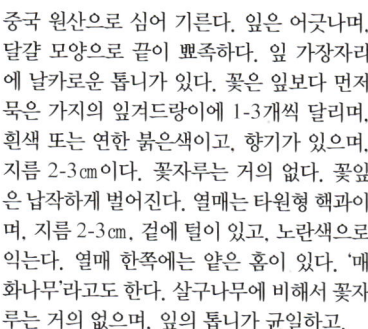

중국 원산으로 심어 기른다. 잎은 어긋나며, 달걀 모양으로 끝이 뾰족하다. 잎 가장자리에 날카로운 톱니가 있다. 꽃은 잎보다 먼저 묵은 가지의 잎겨드랑이에 1-3개씩 달리며, 흰색 또는 연한 붉은색이고, 향기가 있으며, 지름 2-3㎝이다. 꽃자루는 거의 없다. 꽃잎은 납작하게 벌어진다. 열매는 타원형 핵과이며, 지름 2-3㎝, 겉에 털이 있고, 노란색으로 익는다. 열매 한쪽에는 얕은 홈이 있다. '매화나무'라고도 한다. 살구나무에 비해서 꽃자루는 거의 없으며, 잎의 톱니가 균일하고, 씨가 과육에서 잘 분리되지 않으므로 구분된다.

수술

꽃받침

꽃잎

생육지	마을 근처에 식재
식물형	낙엽 작은키나무
크 기	5-10m
개화기	3-4월
결실기	6-8월

귀룽나무

장미과 120

Prunus padus L.

열매

계곡 주변에 흔하게 자란다. 잎은 어긋나며, 달걀 모양 또는 타원형으로 가장자리에 날카로운 톱니가 있다. 꽃은 새가지 끝의 총상꽃차례에 모여 달리며, 흰색이고, 지름 1.0-1.5㎝다. 꽃차례는 길이 10-20㎝이며, 20-30개의 꽃이 달리고, 아래쪽에는 잎이 달린다. 우리나라의 벚나무속 식물 가운데 가장 긴 총상꽃차례를 가진 식물이다. 꽃자루는 길이 1㎝쯤이며, 꽃대와 더불어 털이 난다. 열매는 핵과이며, 둥글고, 지름 6-8㎜, 검게 익는다. 꽃과 잎은 변이가 많다.

생육지	계곡 주변
식물형	낙엽 큰키나무
크 기	5-10m
개화기	3-4월
결실기	6-8월

꽃잎

꽃자루

긴 총상꽃차례

산벚나무
Prunus sargentii Rehder

어린 가지는 굵다. 잎은 어긋나며, 타원형 또는 둥근 타원형으로 끝이 꼬리처럼 뾰족하다. 어린 잎은 붉은 갈색이며, 점성이 있다. 꽃은 잎과 동시에 피며, 1-3개씩 달리고, 연한 붉은색, 지름 2.5-4.0㎝다. 꽃대가 없는 산형꽃차례를 이룬다. 꽃자루는 길이 1-2㎝다. 암술대와 씨방은 털이 없다. 열매는 핵과이며, 지름 1㎝쯤이고, 검게 익는다. 개벚나무에 비해서 꽃의 크기가 훨씬 크고 진한 색깔이므로 구분된다.

열매

생육지	숲 속
식물형	낙엽 큰키나무
크 기	10-20m
개화기	4-5월
결실기	5-6월

수술   꽃잎

왕벚나무

Prunus yedoensis Matsum.

한라산 숲 속에 매우 드물게 자란다. 잎은 어긋나며, 넓은 타원형으로 끝이 급하게 뾰족하다. 잎 가장자리에 날카로운 겹톱니가 있다. 잎 뒷면은 연한 녹색이며, 잎줄 위에 털이 있다. 꽃은 잎보다 먼저 짧은가지에 난 산방꽃차례에 3-6개씩 달리며, 붉은빛이 도는 흰색이고, 지름 2-3㎝다. 꽃자루는 길이 1.6-1.8㎝다. 꽃받침통과 암술대에 털이 있다. 열매는 핵과이며, 둥글고, 6월에 검게 익는다. 한라산과 두륜산의 자생지가 천연기념물로 지정되어 있다. 전국에 심어 키우고 있는데, 대부분 일본에서 들여온 것을 증식한 것이다.

생육지	숲 속
식물형	낙엽 큰키나무
크 기	10-20m
개화기	4-5월
결실기	5-7월

꽃잎

병아리꽃나무

Rhodotypos scandens (Thunb.) Makino

충청북도를 제외한 전국의 바닷가 근처 산 또는 섬에 자란다. 줄기는 여러 대가 모여난 다. 잎은 마주나며, 달걀 모양 또는 긴 달걀 모양으로 가장자리에 겹톱니가 있다. 꽃은 새 가지 끝에 1개씩 달리며, 흰색이고, 지름 3-5 ㎝다. 꽃받침조각은 4장이고, 가장자리에 톱 니가 있다. 꽃잎은 4장 또는 드물게 5장이 다. 수술이 많다. 열매는 핵과 모양이며, 검게 익고, 윤이 난다. 꽃이 피어나는 모습이 어린 병아리를 닮았다고 하여 우리말 이름이 붙여 졌다. 병아리꽃나무 1종이 속을 이룬다. 장미 과에 속하는 거의 모든 식물은 꽃잎이 5장 이지만, 이 나무의 꽃잎은 보통 4장이다.

열매

생육지	바닷가의 산
식물형	낙엽 떨기나무
크 기	1.5-2.0m
개화기	4-5월
결실기	8-10월

수술

4장의
꽃잎

찔레나무

Rosa multiflora Thunb.

산과 들에 흔하게 자란다. 줄기는 날카로운 가시가 많고, 밑으로 처진다. 잎은 작은잎 5-9장으로 된 깃꼴겹잎이다. 작은잎은 타원형 또는 달걀 모양으로 가장자리에 잔 톱니가 있다. 턱잎에 빗살처럼 생긴 톱니가 있다. 꽃은 가지 끝 원추꽃차례에 많이 달리며, 흰색 또는 드물게 연한 붉은색이고, 지름 2㎝쯤이다. 열매는 장미과이며, 지름 8㎜, 둥글고, 붉게 익는다. 용가시나무에 비해서 줄기는 땅 위를 기지 않고 곧추서거나 비스듬히 자라며, 잎 앞면에 털이 있고, 턱잎에 빗살처럼 생긴 톱니가 있어 구분된다.

생육지	산기슭, 들판
식물형	낙엽 떨기나무
크 기	1-2m
개화기	5-6월
결실기	8-10월

암술

수술

꽃잎

열매

해당화

Rosa rugosa Thunb.

바닷가 모래땅에 비교적 흔하게 자란다. 줄
기는 여러 대가 모여나며, 바늘 모양의 가시,
가시 모양의 털, 부드러운 털이 많다. 잎은 어
긋나며, 작은잎 7-9장으로 된 깃꼴겹잎이다.
꽃은 가지 끝에 1-3개씩 달리며, 붉은자주
색 또는 드물게 흰색이고, 지름 6-10cm다.
꽃자루는 잔털이 많고 가시가 나기도 하며,
길이 1-3cm다. 열매는 장미과이며, 납작한 구
형이고, 지름 2.0-2.5cm. 노란빛이 도
는 붉은색으로 익는다.

생육지	바닷가 모래땅
식물형	낙엽 떨기나무
크 기	1.0-1.5m
개화기	5-7월
결실기	7-10월

수술

암술

꽃잎

흰꽃

열매

수리딸기

Rubus corchorifolius L. fil.

경기도 이남 산기슭 양지바른 곳에 자란다. 줄기는 여러 대가 모여나며, 가지에 작은 가시와 부드러운 털이 난다. 잎은 어긋나며, 홑잎이고, 달걀 모양 또는 둥근 타원형으로 가장자리에 고르지 않은 잔 톱니가 있다. 잎 뒷면에 누운 털이 난다. 꽃은 잎보다 먼저 또는 잎과 같이 줄기 끝에 밑을 향해 1개씩 피며, 흰색, 지름 2.5-3.0㎝다. 꽃자루는 길이 0.7-1.2㎝이며, 부드러운 털이 난다. 꽃받침조각은 달걀 모양이며, 바깥쪽과 함께 안쪽에도 털이 난다. 꽃잎은 긴 타원형이며, 꽃받침조각보다 길다. 씨방에 털이 많다. 열매는 복과이며, 둥글고, 붉게 익는다.

생육지	산기슭 양지
식물형	낙엽 떨기나무
크 기	0.8-1.5m
개화기	3-5월
결실기	6-8월

꽃받침 수술 꽃잎 꽃받침

산딸기나무

Rubus crataegifolius Bunge

길게 옆으로 뻗는 뿌리의 곳곳에서 싹이 나와 자란다. 줄기는 붉은갈색이며, 밑을 향한 가시가 있다. 잎은 어긋나며, 홑잎이고, 3-5 갈래로 갈라지거나 갈라지지 않는다. 잎몸은 둥근 타원형으로 가장자리에 불규칙한 결각 모양의 톱니가 있다. 잎자루는 가시가 있고, 길이 2-5㎝다. 꽃은 가지 끝 겹산방꽃차례에 달리지만 2-3개씩 모여달리기도 하며, 흰색이고, 지름 1.0-1.5㎝다. 꽃받침조각은 피침형이다. 꽃잎은 5장이며, 타원형이다. 열매는 핵과가 모인 복과이며, 붉게 익지만 드물게 노란 것도 있고, 먹을 수 있다.

열매

꽃받침   꽃잎

생육지	산기슭, 들판
식물형	낙엽 딸기나무
크 기	1-2m
개화기	5-6월
결실기	6-8월

줄딸기

Rubus oldhamii Miq.

산과 들에 흔하게 자란다. 줄기는 옆으로 비스듬히 뻗으며, 가시가 있다. 어린 가지는 붉은빛이 돌며, 흰 분으로 덮여 있다. 잎은 어긋나며, 작은잎 5-7장으로 된 깃꼴겹잎이다. 꽃은 새가지 끝에 1-2개씩 달리며, 연한 분홍색 또는 드물게 흰색이고, 지름 2.0-2.5 ㎝다. 꽃자루에 가시가 난다. 꽃잎은 타원형이며, 길이 1㎝쯤이다. 열매는 복과이며, 둥글고, 붉게 익는다. 열매를 먹을 수 있다. 줄기가 덩굴지어 자라므로 '덩굴딸기'라고도 부른다.

꽃잎

열매

수술

꽃받침

생육지	산기슭, 들판
식물형	낙엽 덩굴나무
크 기	2-3m
개화기	5-6월
결실기	7-8월

멍석딸기

Rubus parvifolius L.

산과 들에 흔하게 자란다. 줄기는 옆으로 길
게 뻗으며 기어 자라고, 가시와 털이 있다. 잎
은 어긋나며, 작은잎 3장으로 된 겹잎이다.
잎 뒷면은 짧고 흰 털이 많다. 잎자루는 길이
2-7cm다. 꽃은 줄기 끝 산방꽃차례 또는 원
추꽃차례에 달리며, 분홍색이다. 꽃받침조각
은 피침형으로 길이 6-9mm이며, 겉에 가시
같은 털이 있다. 꽃잎은 달걀 모양이며, 길이
5-7mm로서 꽃받침조각보다
짧고, 곧추선다. 열매는
핵과가 모인 취과이며,
붉게 익는다.

작은잎

잎

꽃받침

생육지	산기슭, 숲 가장자리
식물형	낙엽 떨기나무
크 기	1-2m
개화기	5-7월
결실기	6-8월

열매

팥배나무

Sorbus alnifolia (Siebold et Zucc.) K. Koch

숲 속에 흔하게 자란다. 어린 가지에 피목이 발달한다. 잎은 어긋나며, 홑잎이고, 달걀 모양 또는 둥근 타원형으로 가장자리에 불규칙한 톱니가 있다. 잎 끝은 급하게 뾰족해지며, 밑은 둥글다. 잎자루는 길이 1-2㎝다. 잎의 모양과 크기는 변이가 심하다. 꽃은 가지 끝 겹산방꽃차례에 달리며, 흰색이다. 꽃받침조각과 꽃잎은 5장씩이다. 수술은 20개쯤이고, 암술대는 2개다. 열매는 이과이며, 타원형이고, 누런빛이 도는 붉은색으로 익는다. 열매를 먹을 수 있다. 꽃은 벌과 나비를, 열매는 새를 불러 모으므로 도시의 생태공원에 심으면 좋다.

열매

암술

수술

꽃잎

생육지	산과 들의 양지
식물형	낙엽 큰키나무
크 기	30-40㎝
개화기	3-5월
결실기	3-5월

인가목조팝나무

Spiraea chamaedryfolia L.

강원도, 충청북도, 경상북도 및 북부지방에 드물게 자란다. 줄기는 가지가 많이 갈라진다. 어린 가지는 뚜렷한 능선이 있다. 잎은 어긋나며, 달걀 모양 또는 좁은 달걀 모양으로 끝이 뾰족하다. 잎 가장자리는 중앙 이상에 겹톱니가 있다. 잎 뒷면은 연한 녹색이다. 잎자루는 길이 3-8㎜다. 꽃은 새가지 끝에 산방꽃차례로 피며, 흰색이고, 지름 1㎝쯤이다. 꽃자루는 길이 1.0-1.5 ㎝다. 꽃잎은 5장이며, 원형 또는 넓은 타원형으로 길이 2-4㎜다. 수술은 20-40개이며, 꽃잎보다 길다.

생육지	숲 속
식물형	낙엽 떨기나무
크 기	1-2m
개화기	5-6월
결실기	8-10월

수술

꽃잎

당조팝나무

Spiraea chinensis Maxim.

강원도, 경상북도, 충청북도 및 북부지방의 숲 속에 자란다. 어린 가지는 노란빛이 도는 갈색이다. 잎은 어긋나며, 마름모꼴 달걀 모양 또는 넓은 달걀 모양으로 가장자리의 중앙 이상에 톱니가 있다. 잎 양면에 주름이 지며, 뒷면에 털이 많다. 꽃은 줄기 끝 산형꽃차례에 15-25개가 달리며, 흰색이고, 지름 1㎝쯤이다. 꽃잎은 5장이며, 달걀 모양이다. 잎 뒷면에 갈색 털이 많으므로 '털조팝나무'라고도 한다. 우리나라의 조팝나무속 식물들에 비해서 잎이 두껍고, 주름이 많아 구분된다.

생육지	숲 속
식물형	낙엽 떨기나무
크 기	1.5-3.0m
개화기	4-5월
결실기	8-10월

수술

꽃잎

조팝나무

Spiraea prunifolia Siebold et Zucc.
for. *simpliciflora* Nakai

제주도와 북부 고산지대를 제외한 전국의 양지바른 곳에 흔하게 자란다. 줄기는 여러 대가 모여난다. 잎은 어긋나며, 타원형 또는 달걀 모양이고 끝이 뾰족하다. 꽃은 짧은가지에 4-5개가 산형꽃차례처럼 달리며, 흰색이고, 지름 0.8-1.0cm다. 꽃잎은 5장이며, 길이 4-5mm로서 수술보다 길다. 수술은 20개쯤이고, 씨방은 4-5실이다. 꽃이 핀 모습이 튀긴 좁쌀을 붙인 것처럼 보이므로 '조팝나무'라고 부른다. 우리나라의 조팝나무속 식물들에 비해서 꽃은 짧은가지에서 4-5개씩 피므로 구분된다.

꽃잎

생육지	산기슭 양지
식물형	낙엽 떨기나무
크 기	1.5-2.0m
개화기	4-5월
결실기	8-10월

국수나무

Stephanandra incisa (Thunb.) Zabel

숲 속이나 가장자리에 흔하게 자란다. 줄기는
여러 대가 모여 나며, 가지 끝이 옆으로 처진
다. 잎은 어긋나며, 삼각상 넓은 달걀 모양으
로 가장자리에 톱니가 있다. 잎 앞면은 털이 거
의 없고, 뒷면은 잎줄 위에 털이 있다. 잎자
루는 길이 0.3-1.0㎝다. 꽃은 새가지 끝에 원
추꽃차례로 피며, 노란빛이 도는 흰색이고,
지름 4-5㎜다. 꽃잎은 5장이다. 수술은 10개
이며, 꽃잎보다 짧다. 줄기의 골속이 국수처
럼 생겼다 하여 '국수나무'라고 부른다.

원추꽃차례

생육지	숲 속
식물형	낙엽 떨기나무
크 기	1-2m
개화기	5-6월
결실기	7-9월

나도양지꽃

Waldsteinia ternata (Stephan) Fritsch
멸종위기종

경기도, 강원도, 경상북도 및 북부지방의 높은 산에 자라며, 만주와 시베리아에도 분포하는 북방계 식물이다. 뿌리줄기는 가늘며, 옆으로 길게 뻗는다. 잎은 2-3장이 모여 나며, 3출겹잎이다. 작은잎은 도란형이며, 2-3갈래로 갈라진다. 잎 양면에 털이 조금 있다. 꽃은 뿌리줄기에서 난 높이 10-15㎝의 꽃줄기에 1-3개씩 피며, 노란색이고, 지름 1-2㎝다. 꽃받침조각은 5장이며, 피침형으로 길이 4㎜쯤이다. 부꽃받침잎은 5장이다. 꽃잎은 5장이며, 노란색이다. 수술이 많고, 암술대는 5개다.

수술

꽃잎

생육지 높은 산의 숲 속
식물형 여러해살이풀
크 기 10-20㎝
개화기 4-5월
결실기 6-8월

꽃받침

자운영

Astragalus sinicus L.

중국 원산으로 심어 기르던 것이 야생 상태로 퍼져 자란다. 줄기는 길게 뻗으며 밑에서 가지가 갈라지고, 흰색 털이 조금 난다. 잎은 어긋나며, 작은잎 7-13장으로 된 깃꼴겹잎이고, 길이 5-25cm다. 작은잎은 달걀 모양 또는 넓은 타원형으로 끝이 둥글거나 조금 오목하게 들어간다. 잎 가장자리는 밋밋하다. 잎자루 아래에 달리는 턱잎은 달걀 모양으로 끝이 뾰족하다. 꽃은 잎겨드랑이에서 난 길이 15cm쯤의 꽃줄기 끝에 7-10개가 산형상 총상꽃차례로 피며, 보라색, 나비 모양이고, 길이 10-11mm다.

생육지	논과 밭, 풀밭
식물형	두해살이풀
크 기	10-30cm
개화기	4-6월
결실기	4-6월

기판 꽃잎

나비 모양의 꽃

개느삼

Echinosophora koreensis (Nakai) Nakai

멸종위기종

강원도 양구군, 인제군 및 함경남도의 산에
드물게 자라는 한국 특산식물이다. 땅속줄기
가 왕성하게 뻗으면서 곳곳에서 새싹이 돋아
무성적으로 번식한다. 줄기는 곧추 자라며,
위쪽에서 가지를 많이 친다. 잎은 어긋나며,
깃꼴겹잎이다. 작은잎은 13~27장이며, 타원
형으로 가장자리가 밋밋하다. 꽃은 새가지
끝에 총상꽃차례로 피며, 노란색이고,
나비 모양이다. 수술은 10개이며, 모두
떨어져 있다. 열매는 협과이며, 길고
둥근 기둥 모양, 마디가 잘록하고,
씨가 2~3개 들어 있다.

생육지	숲 속
식물형	낙엽 떨기나무
크 기	0.7-1.2m
개화기	4-5월
결실기	7-9월

기판 꽃잎

나비 모양의 꽃

땅비싸리

Indigofera kirilowii Maxim.

풀의 성질을 많이 가진 떨기나무다. 줄기는 여러 대가 모여난다. 잎은 어긋나며, 작은잎 7-13장으로 된 깃꼴겹잎이다. 작은잎은 넓은 달걀 모양 또는 타원형으로 양 끝이 둔하고, 가장자리가 밋밋하다. 꽃은 잎겨드랑이에서 난 길이 10-20㎝의 총상꽃차례에 피며, 연한 붉은색, 나비 모양이고, 길이 1.0-1.5㎝다. 꽃받침은 2갈래로 갈라지며, 가장자리에 털이 난다. 기판은 타원형이며, 길이 1.2-1.6㎝로 다른 꽃잎과 길이가 같다. 수술은 10개이며, 2개의 뭉치로 되어 있다.

꽃받침

잎

생육지	산기슭, 산 중턱
식물형	낙엽 떨기나무
크 기	0.8-1.2m
개화기	5-6월
결실기	8-10월

산새콩

Lathyrus vaniotii H. Lév.
멸종위기종

강원도 덕항산, 석병산 등 높은 산의 능선에 자라며, 북부지방을 거쳐 만주 지방에 분포한다. 줄기는 곧추서며, 구불구불하고 능선이 있다. 잎은 어긋나며, 작은잎 4-10장으로 이루어진 깃꼴겹잎이다. 잎 끝 덩굴손은 작은 돌기처럼 된다. 작은잎은 둥근 타원형으로 밑이 넓은 쐐기 모양이다. 꽃은 윗부분 잎겨드랑이에서 나온 긴 꽃대 끝에 총상꽃차례로 피며, 연한 붉은빛이다. 꽃받침은 끝에 톱니 같은 갈래가 있다. 꽃부리는 나비 모양이다. 수술은 2개의 뭉치로 된다. 씨방에 갈색 샘털이 있다.

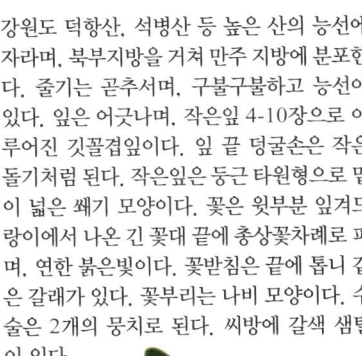

흰색 무늬가 있는 잎

꽃받침

기판 꽃잎

생육지 **높은 산의 숲 속**
식물형 **여러해살이풀**
크 기 **20-50cm**
개화기 **5-6월**
결실기 **7-9월**

총상꽃차례

애기괭이밥

Oxalis acetosella L.

뿌리줄기는 옆으로 뻗는다. 잎은 뿌리에서 3-5장이 나며, 작은잎 3장으로 된 겹잎이다. 꽃은 뿌리에서 난 길이 5-15㎝의 꽃줄기 끝에 1개씩 피며, 흰색 또는 드물게 자주색이고, 지름 1.5-2.5㎝다. 꽃받침조각은 5장이며, 좁은 달걀 모양이다. 꽃잎은 5장이며, 흰바탕에 연한 자줏빛이 돈다. 수술은 10개이고, 암술은 1개다. 큰괭이밥에 비해서 전체가 작으며, 고산지역에서 자라고, 작은잎은 심장형으로서 끝이 심장 모양이므로 구분된다.

생육지	높은 산의 숲 속
식물형	여러해살이풀
크 기	5-8㎝
개화기	5-6월
결실기	6-8월

꽃잎

꽃잎

수술

큰괭이밥

Oxalis obtriangulata Maxim.

숲 속에 비교적 흔하게 자란다. 뿌리줄기는
가늘다. 잎은 뿌리에서 나며, 작은잎 3장으로
된 겹잎이다. 작은잎은 삼각형으로 끝은 가
운데가 조금 오목하다. 꽃줄기는 길이 10-20
㎝이며, 잎이 나기 전에 뿌리에서 나온다. 꽃
은 꽃줄기 끝에 1개씩 피며, 붉은빛
이 도는 흰색이고, 지름 2.0-
3.0㎝다. 꽃잎은 5장이며,
자주색 줄이 있다. 수술은
10개이고, 암술은 1개다.
애기괭이밥에 비해서 전체
가 크며, 작은잎은 넓은 삼각형
으로서 끝이 칼로 자른 모양이므로
구분된다.

꽃받침

꽃잎

잎

생육지 **숲 속**
식물형 **여러해살이풀**
크 기 **10-20㎝**
개화기 **4-5월**
결실기 **6-8월**

민대극

Euphorbia ebracteolata Hayata

숲 속에 비교적 드물게 자란다. 뿌리줄기는 무처럼 굵다. 줄기는 곧추선다. 잎은 어릴 때 붉은보라색을 띤다. 줄기 끝에는 잎이 5장 돌려난다. 꽃은 매우 일찍 핀다. 꽃줄기는 줄기 끝에서 4-5개씩 나오며, 그 끝이 다시 2갈래로 갈라져서 배상꽃차례가 2개씩 달린다. 술잔 모양의 꽃싸개잎 안에 수술 5개와 암술 1개가 있다. 꽃싸개잎 가장자리는 4갈래로 갈라지고, 갈래 사이에 콩팥 모양의 꿀샘덩이가 4개 있다. 씨방은 겉에 털과 사마귀 모양의 돌기가 없다. 열매는 삭과다. '붉은대극'이라고도 한다.

꽃이 핀 모습

생육지	숲 속
식물형	여러해살이풀
크 기	40-50cm
개화기	3-4월
결실기	5-7월

수꽃(수술)

모인꽃싸개

꿀샘덩이

배상꽃차례

암꽃(암술)

등대풀

Euphorbia helioscopia L.

저지대 밭이나 길가에 자란다. 줄기는 곧추
서며, 밑에서 가지가 갈라진다. 줄기를 자르
면 흰 유액이 나온다. 잎은 어긋나며, 가지가
갈라지는 줄기 위쪽에서는 5장의 큰 잎이 돌
려난다. 꽃은 배상꽃차례로 피며, 노란빛이
도는 녹색이다. 암술대는 3개이며, 끝이 2갈
래로 갈라진다. 우리나라의 대극속 식물들에
비해서 들판에 흔하게 자라는 한해살이
또는 두해살이풀이고, 뿌리는 노끈 모
양으로 약하고, 잎 가장자리에 톱니가
있어 구분된다.

생육지	밭, 길가
식물형	한해 또는 두해살이풀
크 기	25-35cm
개화기	4-5월
결실기	4-7월

모인꽃싸개

4-5개의
배상꽃차례

암꽃(암술)

암대극

Euphorbia jolkini H. Boissieu
멸종위기종

제주도와 남부 지방의 바닷가 바위지대에 드물게 자란다. 줄기는 곧추서며, 밑에서 가지가 갈라진다. 잎은 어긋나며, 다닥다닥 붙는다. 잎몸은 끝이 둔하고 아래쪽이 점차 좁아지며 가장자리가 밋밋하다. 줄기 위쪽에 돌려난 잎은 다른 잎보다 넓고 짧다. 꽃이 필 때 모인꽃싸개잎이 노란색을 띠고, 열매가 익을 때 잎은 붉게 물든다. 꽃은 배상꽃차례로 피며, 노란빛이 도는 녹색이다. 우리나라의 대극속 식물들에 비해서 전체가 대형이고, 줄기 아래쪽이 목질화되므로 구분된다.

생육지	바닷가 바위지대
식물형	여러해살이풀
크 기	40-80cm
개화기	4-5월
결실기	5-8월

모인꽃싸개

꿀샘덩이

어린 열매

배상꽃차례

암꽃(암술)

수꽃(수술)

개감수

Euphorbia sieboldiana C. Morren et Decne.

숲 속에 흔하게 자란다. 전체가 녹색이지만
어릴 때는 붉은빛을 띠는 경우가 많다. 줄기
는 곧추선다. 잎은 어긋나며, 피침형 또는 긴
타원형으로 가장자리가 밋밋하다. 꽃대가 갈
라지는 줄기 위쪽에 5장의 잎이 돌려난다.
꽃대는 5개쯤 우산 모양으로 나온다. 꽃은
배상꽃차례로 피며, 노란색이 도는 녹색이
다. 꽃차례에는 수꽃 여러 개와 암꽃 1개가
함께 달린다. 꽃차례의 꽃싸개잎은 끝이 4
갈래로 갈라지며, 그 사이에 꿀샘덩이가 4개
있는데 초승달 모양이다. 갈래 사이에
꿀샘이 있다.

꽃

초승달 모양의
꿀샘덩이

모인꽃싸개

암꽃(암술)

생육지	숲 속
식물형	여러해살이풀
크 기	20-40㎝
개화기	4-7월
결실기	8-9월

초피나무

Zanthoxylum piperitum (L.) DC.

전체에서 매우 강한 향기가 나는데, 산초나무
보다 더욱 강하다. 줄기는 가지가 많이 갈라
지며, 가시가 마주난다. 어린 가지는 연한 녹
색이다. 잎은 어긋나며, 작은잎 9-19장으로
이루어진 깃꼴겹잎이다. 잎 가장자리에 물결
모양의 톱니가 있는데, 끝에 샘점이 있다. 잎
앞면은 중앙에 노란빛이 도는 녹색 반점이 있
다. 꽃은 암수딴그루로 피며, 가지 끝 원추꽃
차례에 달리고, 녹색이 도는 노란색이다. 화
피는 5장이다. 열매는
둥근 삭과이며, 샘점이
있다.

생육지	산 중턱, 산기슭
식물형	낙엽 떨기나무
크 기	3-5m
개화기	5-6월
결실기	9-10월

화피

수꽃

열매

멀구슬나무

Melia azedarch L.

남부지방 저지대에 비교적 흔하게 자란다.
잎은 어긋나며, 2-3번 깃꼴로 갈라지는 겹잎
이고, 작은잎은 달걀 모양으로 가장자리에
물결 모양의 톱니가 있다. 꽃은 잎겨드랑이
에서 난 길이 15-20㎝의 원추꽃차례에 많이
달리며, 흰빛이 도는 붉은색이다. 꽃잎은 5
장이며, 긴 타원형으로 길이
1㎝쯤이다. 수술대는 서로
붙어서 통을 이루며,
노란색이다. 열매는
노랗게 익고, 9월에
익기 시작해서 겨울
까지 오래 달려 있다.
꽃이 아름다워 정원수
로 심기도 하며, 목재는
고급 가구를 만드는 데
쓰인다.

수술

꽃자루

꽃잎

열매

생육지	저지대
식물형	낙엽 큰키나무
크 기	10-20m
개화기	5-6월
결실기	8-10월

애기풀

Polygala japonica Houtt.

산과 들의 양지바른 곳에 자란다. 줄기는 여러 대가 모여나며, 곧게 서거나 비스듬히 선다. 잎은 어긋나며, 타원형 또는 달걀 모양으로 가장자리가 밋밋하다. 꽃은 총상꽃차례에 달리며, 자주색이다. 꽃받침조각은 5장이며, 꽃잎처럼 보이고, 양쪽 2장이 보다 크다. 꽃잎은 3장이며, 밑에서 서로 붙어 있다. 수술은 8개이고, 암술대는 2갈래로 갈라진다. 열매는 삭과이며, 둥글고 납작하다. 애기풀과 함께 남한에 분포하는 원지속 식물인 병아리풀은 한해살이풀로서 잎은 둥글고 크며, 꽃은 여름과 가을에 피므로 다르다.

생육지	산과 들의 양지
식물형	여러해살이풀
크 기	**10-20cm**
개화기	4-5월
결실기	7-9월

2개의 큰 꽃받침

3개의 작은 꽃받침

꽃잎

개옻나무

Rhus trichocarpa Miq.

숲 속에 흔하게 자란다. 보통 4-5m 높이의 떨기나무로 자라지만 크게는 10m까지 자란다. 잎은 어긋나며, 작은잎 13-17장으로 된 홀수깃꼴겹잎이고, 길이 25-45cm다. 작은잎은 타원형으로 가장자리가 밋밋하다. 꽃은 암수딴그루로 피며, 잎겨드랑이에서 난 길이 15-30cm의 원추꽃차례에 달리고, 노란빛이 도는 녹색이다. 꽃차례에는 털이 많다. 열매는 둥글고, 지름 5-6mm, 겉에 가시 같은 털이 많다. 작은가지와 잎줄기는 붉은 갈색을 띠므로 우리나라의 다른 옻나무속 식물들과 구분된다.

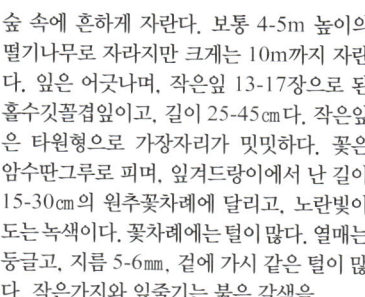

깃꼴겹잎

열매

생육지	숲 속
식물형	낙엽 작은키나무
크 기	4-10m
개화기	5-6월
결실기	8-10월

신나무

Acer ginnala Maxim.

계곡 주변 또는 산기슭에 흔하게 자란다. 잎은 마주나며, 홑잎이고, 둥근 달걀 모양이다. 잎몸은 중앙 아래쪽에서 3갈래로 얕게 또는 깊게 갈라지며, 가장자리에 불규칙한 결각과 겹톱니가 있고, 끝이 꼬리처럼 뾰족하다. 잎 양면에 털이 없지만, 뒷면에 털이 조금 나기도 한다. 꽃은 가지 끝에 원추꽃차례로 피며, 양성꽃만 달리거나 양성꽃과 수꽃이 함께 달린다. 꽃받침조각과 꽃잎은 5장씩이다. 꽃잎은 노란색을 띤다. 수술은 8개다. 열매는 시과이며, 길이 2㎝쯤이고, 날개가 거의 평행하거나 합쳐진다.

잎

열매

날개

생육지	산기슭 계곡 주변
식물형	낙엽 작은키나무
크 기	2-10m
개화기	5-6월
결실기	8-10월

고로쇠나무

Acer mono Maxim.

숲 속에 흔하게 자란다. 줄기는 회색을 띤다.
잎은 마주나며, 홑잎이다. 잎몸은 손바닥 모
양인데 5-7갈래로 갈라지며 가장자리가 밋
밋하다. 잎 앞면은 진한 녹색으로 매끈하며,
뒷면은 연한 녹색으로 잎줄 아래쪽에 털이 난
다. 잎자루는 길이 4-12cm다. 꽃은 새가지 끝
에 산방꽃차례로 피며, 노란빛이 돈다. 꽃받
침조각은 5장이다. 꽃잎은 5장이며, 피침형
이다. 열매는 시과이며, 길이 2-3cm이고, 예
각으로 벌어진다. 만주고로쇠는 잎 갈래의
끝이 뾰족하고, 가운데 갈래가 다시
3갈래로 갈라지기도 하므로
다르다.

꽃받침

꽃잎

수술

잎

생육지 **숲 속**
식물형 **낙엽 큰키나무**
크 기 **10-30m**
개화기 **5-6월**
결실기 **8-10월**

당단풍나무

Acer pseudosieboldianum (Pax) Kom.

숲 속에 흔하게 자란다. 잎은 마주나며, 홑잎
이다. 잎몸은 손바닥 모양이며, 9-11갈래로
가운데까지 갈라지고, 길이와 폭이 각각 11
㎝쯤이다. 잎 밑은 심장 모양이다. 꽃은 가지
끝 산방꽃차례에 10-15개가 달리며, 붉은빛
이 돈다. 꽃받침조각은 5장이며, 보라색이다.
꽃잎은 5장이며, 달걀 모양이고, 길이가 꽃받
침조각의 절반 정도다. 수술대는 보라색이고,
꽃밥은 노란색이다. 남부지방에 분포하는
단풍나무는 잎의
길이와 폭이
4-6㎝로서 작으며, 5-7갈래
로 갈라지고, 갈래는 중앙
또는 중앙 아래까지 갈라지므로
다르다.

산방꽃차례

← 수술

생육지	숲 속
식물형	낙엽 큰키나무
크 기	10-20m
개화기	5-6월
결실기	8-10월

시닥나무

Acer tschonoskii Maxim. var. *rubripes* Kom.

높은 산 숲 속이나 능선에 자란다. 줄기는 밑
에서 가지가 많이 갈라지고, 어린 가지는 붉
은빛을 띤다. 잎은 마주나며, 긴 달걀 모양,
3-5갈래로 갈라지고, 길이와 폭이 각각 5-10
㎝다. 잎의 가운데 갈래는 끝 부분까지 톱니
가 발달한다. 잎자루는 길이 2-5㎝이고, 붉
은빛이 돈다. 꽃은 가지 끝의 길이 6-8㎝ 총
상꽃차례에 5-10개가 달리며, 노란색이
다. 꽃받침조각과 꽃잎은 5장씩이다.
청시닥나무는 어린 가지가 녹색
이며, 잎자루는 붉은색이 아니고,
잎의 가운데 갈래 끝 부분에
톱니가 나지 않으므로
다르다.

열매

암술(어린 열매)

꽃잎

생육지 높은 산의 숲 속
식물형 낙엽 작은키나무
크 기 5-8m
개화기 5-7월
결실기 8-10월

꽃받침

총상꽃차례

화살나무

Euonymus alatus(Thunb.) Siebold

오래된 줄기 겉에 2-4줄로 코르크질 날개가 달린다. 어린 가지는 녹색이다. 잎은 마주나며, 달걀 모양 또는 넓은 피침형으로 가을에 붉게 물든다. 잎 양면에 털이 없다. 꽃은 잎겨드랑이에서 난 길이 2-4㎝의 취산꽃차례에 2-5개씩 피며, 연한 녹색이고, 지름 6-7㎜다. 꽃받침은 4갈래로 갈라지고, 갈래는 반달 모양이다. 꽃잎은 4장이다. 수술은 4개이며, 수술대는 짧다. 열매는 삭과이며, 완전히 익으면 벌어져서 종의種衣에 싸인 씨앗이 나온다. '홑잎나무'라고도 부르며, 새순을 나물로 먹는다.

꽃잎

열매

생육지	산기슭
식물형	낙엽 떨기나무
크 기	1-3m
개화기	5-6월
결실기	8-10월

고추나무

Staphylea bumalda (Thunb.) DC.

숲 속에 흔하게 자란다. 가지는 둥글다. 잎은
마주나며, 작은잎 3장으로 된 겹잎이다. 작
은잎은 타원형 또는 둥근 타원형으로 가장자
리에 뾰족한 잔 톱니가 있고, 양 끝이 좁아진
다. 잎 뒷면은 잎줄 위에 털이 난다. 잎자루는
길이 2-3cm다. 꽃은 가지 끝에서 길이 5-8cm
의 원추꽃차례에 달리며, 흰색이다. 꽃잎은
긴 타원형이다. 암술은 1개이며, 암술머리는
끝이 2갈래로 갈라진다. 잎이 고춧잎을 닮아
서 우리말 이름이 붙여졌다. 어린 잎을 나물로
먹는다.

열매

생육지	숲 속
식물형	낙엽 떨기나무
크 기	3-5m
개화기	5-6월
결실기	8-10월

수술

원추꽃차례

꽃잎

회양목

Buxus microphylla Siebold et Zucc.
var. *koreana* Nakai ex Rehder

석회암 지대에 비교적 드물게 자란다. 어린 가지는 녹색이며, 네모가 지고, 털이 난다. 잎은 마주나며, 가죽질, 타원형으로 끝이 오목하다. 잎 가장자리는 밋밋하며, 뒤로 조금 말린다. 잎 뒷면은 노란빛이 도는 녹색이다. 잎 양면에 털이 난다. 꽃은 암수한그루로 피며, 가지 끝에 몇 개가 모여 달리는데, 가운데에 암꽃이 1개 있고, 둘레에 수꽃이 몇 개 붙는다. 꽃받침조각은 4장이며, 꽃잎은 없다. 수꽃에는 수술이 1-4개 있다. 정원수로 인기가 높으며, 목재는 도장을 새기는 데 쓴다.

수술(수꽃)

암술(암꽃)

열매

생육지	석회암 지대
식물형	상록 떨기나무
크 기	1-7m
개화기	3-4월
결실기	5-7월

팥꽃나무

Daphne genkwa Siebold et Zucc.
멸종위기종

서해안과 남부지방의 바닷가 산기슭에 드물
게 자란다. 줄기는 가지가 많이 갈라지고, 작
은 가지는 어두운 갈색이다. 잎은 마주나지
만 어긋나기도 하며 가장자리가 밋밋하다.
꽃은 잎보다 먼저 피며, 지난해 가지 끝에 3-
7개씩 우산살 모양으로 달리고, 연한 붉은색
이다. 꽃받침은 꽃잎처럼 보이며, 통 모양으
로 길이 0.8-1.0cm이고, 끝이 4갈래로 갈라
진다. 수술은 4-8개이며, 2줄로 배열한다. 꽃
이 아름다운 원예자원이며, 서울 등 중부지방
에서도 월동이 잘된다.

꽃잎처럼
보이는 꽃받침

생육지	바닷가의 산기슭
식물형	낙엽 떨기나무
크 기	0.5-1.0m
개화기	3-5월
결실기	6-8월

백서향

Daphne kiusiana Miq.
멸종위기종

제주도와 남해안의 거제도, 관매도, 도초도, 흑산도 등지에 드물게 자란다. 잎은 어긋나며 가장자리가 밋밋하다. 잎자루는 짧다. 꽃은 암수딴그루로 피며, 지난해 가지 끝에 모여 달리고, 흰색, 향기가 짙다. 꽃자루에 흰색 잔털이 난다. 꽃받침은 꽃잎처럼 보이며, 통 모양이고, 길이 7-8㎜, 끝이 4갈래로 갈라진다. 꽃받침통 곁에 털이 난다. 열매는 장과이며, 달걀 모양의 원형이고, 붉게 익는다. 중국 원산의 서향은 꽃이 붉은보라색이며, 꽃받침통은 길이 10㎜쯤으로 보다 크고, 곁에 털이 없으므로 다르다.

꽃밥

꽃잎처럼
보이는 꽃받침

생육지	산기슭의 숲 속
식물형	상록 떨기나무
크 기	0.5-1.0m
개화기	2-4월
결실기	5-6월

두메닥나무

Daphne pseudomezereum A. Gray

멸종위기종

전국의 높은 산에 매우 드물게 자라며, 해외
에는 만주, 일본에 분포한다. 줄기는 조금 갈
라지며, 매우 질겨서 잘 잘리지 않는다. 잎은
어긋나며 끝이 뾰족하다. 잎 가장자리는 밋밋
하다. 잎 앞면은 청록색이고, 뒷면은 흰빛을
조금 띤다. 잎자루는 길이 5-7mm다. 꽃은 암
수딴그루로 피며, 지난해 가지 끝의 잎겨드랑
이에서 나온 총상꽃차례에 2-5개씩 달리고,
흰빛이 도는 녹색이다. 암꽃이 수꽃보다 조금
작다. 수꽃에는 수술이 5개 있다. 열매는 장
과이며, 둥글거나 타원형이고, 붉게
익는다.

열매

생육지	높은 산의 숲 속
식물형	낙엽 떨기나무
크 기	30-50cm
개화기	4-5월
결실기	8-10월

꽃잎처럼
보이는 꽃받침

삼지닥나무

Edgeworthia chrysantha Lindl.

중국 원산으로 남부지방에서 관상수로 심어 기른다. 줄기는 가지가 많이 갈라진다. 잎 양면에 털이 많은데, 뒷면에 더욱 많다. 잎자루는 길이 5-8㎜이며, 털이 난다. 꽃은 잎보다 먼저 피고, 묵은 가지에서 난 머리모양꽃차례에 달리며, 노란색이다. 꽃차례는 밑을 향한다. 꽃받침통은 꽃잎처럼 보이며, 끝이 4갈래로 갈라지고, 길이 1.2-1.5㎝, 안쪽이 연한 노란색, 흰색의 연한 털이 많다. 수술은 8개이며, 그 중 4개가 길다. 암술대는 둥근 기둥 모양이며, 암술머리는 긴 선형으로서 잔 돌기가 있다.

생육지	마을 근처에 재배
식물형	낙엽 떨기나무
크 기	1-3m
개화기	3-4월
결실기	6-8월

꽃잎처럼 보이는 꽃받침

머리모양꽃차례

보리수나무

Elaeagnus umbellata Thunb.

산과 들에 흔하게 자란다. 줄기는 가지가 많
이 갈라지며, 가시가 난다. 잎은 가을에 떨어
지며, 도피침형 또는 넓은 달걀 모양으로 길
이 3-8㎝, 폭 1.2-2.5㎝다. 잎 앞면은 은빛
에서 녹색으로 변하고, 뒷면은 은빛이 나는
흰색이다. 꽃은 암수딴그루로 피며, 잎겨드
랑이에서 1-5개씩 달리고, 은빛이 난다. 꽃받
침통은 꽃잎처럼 보이며, 끝이 4갈래로 갈라
지고, 길이 5-7㎜, 안쪽은 노란색에서 갈색으
로 변한다. 수술은 4개이고, 암술은
1개다. 열매는 장과이며, 둥글
거나 타원형, 길이 6-8㎜,
여름과 가을에 붉게
익고, 맛이 좋다.

열매

생육지	숲 속, 숲 가장자리
식물형	낙엽 떨기나무
크 기	3-5m
개화기	5-6월
결실기	8-10월

졸방제비꽃

Viola acuminata Ledeb.

숲 속에 흔하게 자란다. 줄기는 곧추서며, 짧은 뿌리줄기에서 여러 대가 올라온다. 잎은 어긋나며 가장자리에 뭉툭한 톱니가 있다. 잎 끝은 길게 뾰족하고, 밑은 심장형이다. 턱잎은 긴 타원형이며, 깃꼴로 갈라진다. 잎자루는 길다. 꽃은 길이 5-10cm의 꽃자루에 달리고, 연한 자줏빛이 도는 흰색이다. 입술꽃잎에 자주색 줄이 있다. 곁꽃잎의 안쪽에 털이 난다. 꽃뿔은 둥근 주머니 모양이며, 길이 3-4mm다. 수술은 5개이고, 암술은 1개다. 열매는 삭과이며, 세모가 진다. 어린 잎은 나물로 먹을 수 있다.

입술꽃잎

털 난
곁꽃잎

생육지	숲 속, 숲 가장자리
식물형	여러해살이풀
크 기	20-40cm
개화기	4-6월
결실기	5-7월

태백제비꽃

Viola albida Palib.

전국의 산에 자라며, 외국에는 만주와 일본에 분포한다. 줄기는 없다. 잎은 뿌리에서 여러 장이 나며, 모양의 변이가 심하다. 잎 가장자리에 안쪽으로 구부러진 톱니가 있다. 잎자루에 좁은 날개가 있다. 꽃은 큰 편이고, 흰색, 향기가 있다. 꽃줄기 가운데 부분에 선상의 꽃싸개 2개가 마주난다. 꽃잎은 5장이며, 곁꽃잎 안쪽에 털이 있다. 꽃뿔은 기둥 모양이다. 열매는 삭과다. 남산제비꽃에 비해서 잎 가장자리가 갈라지지 않아 구분된다.

생육지	숲 속
식물형	여러해살이풀
크 기	15-25㎝
개화기	4-5월
결실기	5-7월

암술머리

털 난
곁꽃잎

입술꽃잎

잎

둥근털제비꽃

Viola collina Besser

전체에 털이 많다. 뿌리줄기는 굵으며, 옆으
로 길게 뻗는다. 기는줄기는 없다. 잎은 뿌리
줄기에서 여러 장이 모여나며 열매가 익을 때
는 더욱 크게 자란다. 잎 가장자리에 작은 톱
니가 있다. 잎 양면에 털이 많다. 잎자루는 길
이 3-10㎝다. 꽃은 길이 4-6㎝의 꽃줄기 끝
에 피며, 연한 보라색이다. 제비꽃속 식물 가
운데 가장 일찍 꽃이 핀다. 곁꽃잎에 털이 조
금 난다. 열매는 삭과다. 북부지방에 분포하는
아욱제비꽃에 비해서 뿌리
줄기가 길고, 기는줄기가
없으므로 구분된다.

생육지	숲 속
식물형	여러해살이풀
크 기	5-15㎝
개화기	3-4월
결실기	5-7월

털 난
곁꽃잎

입술꽃잎

금강제비꽃

Viola diamantica Nakai

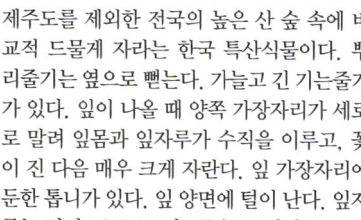

제주도를 제외한 전국의 높은 산 숲 속에 비교적 드물게 자라는 한국 특산식물이다. 뿌리줄기는 옆으로 뻗는다. 가늘고 긴 기는줄기가 있다. 잎이 나올 때 양쪽 가장자리가 세로로 말려 잎몸과 잎자루가 수직을 이루고, 꽃이 진 다음 매우 크게 자란다. 잎 가장자리에 둔한 톱니가 있다. 잎 양면에 털이 난다. 잎자루는 길이 10-25cm다. 꽃은 큰 편이며, 흰색이다. 닫힌 꽃은 땅속에 달린다. 수술은 5개이고, 암술은 1개다. 열매는 삭과이며, 겉에 자주색 무늬가 있다.

생육지	높은 산의 숲 속
식물형	여러해살이풀
크 기	10-20cm
개화기	4-5월
결실기	5-7월

암술머리

털 난 곁꽃잎

입술꽃잎

남산제비꽃

Viola dissecta Ledeb.
var. *chaerophylloides* (Regel) Makino

숲 속에 흔하게 자란다. 전체에 털이 거의 없다. 줄기는 없다. 잎은 뿌리에서 모여난다. 잎몸은 3갈래로 갈라지고, 양쪽 갈래는 다시 2개로 갈라진다. 잎이 갈라지는 정도는 변이가 매우 심하다. 턱잎은 넓은 선형이다. 꽃은 잎 사이에서 난 꽃줄기 끝에 1개씩 피며, 흰색이고, 향기가 난다. 꽃잎은 5장이며, 길이 1.0~1.5㎝이다. 곁꽃잎에 털이 난다. 꽃뿔은 짧은 원통형이며, 길이 4㎜쯤이다. 열매는 삭과이며, 세모가 진다. 태백제비꽃과 단풍제비꽃에 비해서 잎이 더욱 잘게 갈라지므로 구분된다.

꽃받침

털 난
곁꽃잎

입술꽃잎

생육지	숲 속, 숲 가장자리
식물형	여러해살이풀
크 기	6~20㎝
개화기	4~5월
결실기	5~7월

낚시제비꽃

Viola grypoceras A. Gray

충청남도 이남의 양지바른 들판 또는 숲 가장자리에 자란다. 줄기는 모여나서 비스듬히 서거나 옆으로 눕는다. 줄기에 난 잎은 어긋나며, 심장형으로 길이와 폭이 각각 2-3㎝이고, 위로 갈수록 작아진다. 턱잎은 빗살처럼 갈라진다. 꽃은 뿌리줄기에서 난 꽃줄기나 줄기의 잎겨드랑이에서 난 꽃자루에 피며, 자주색이다. 꽃받침조각은 길이 5-7㎜다. 열매는 삭과이며, 달걀모양이다. 줄기의 잎겨드랑이에서 꽃자루가 나올 뿐만 아니라 뿌리줄기에서 직접 꽃줄기가 나오기도 하므로 졸방제비꽃과 구분된다.

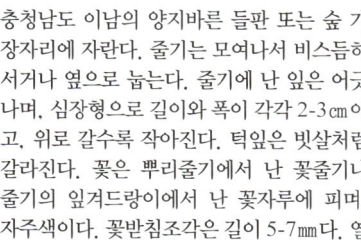

꽃밥

암술머리

곁꽃잎

입술꽃잎

생육지	양지바른 숲 가장자리
식물형	여러해살이풀
크 기	10-20㎝
개화기	3-5월
결실기	5-7월

흰털제비꽃

Viola hirtipes S. Moore

줄기는 없다. 잎자루와 꽃줄기에 흰색 긴 털
이 난다. 잎은 뿌리에서 모여 나며, 삼각상 달
걀 모양으로 끝은 둔하고 밑은 심장 모양이
다. 잎 가장자리에 둔한 물결 모양 톱니가 있
다. 잎에는 털이 없지만, 드물게 앞면과 뒷면
잎줄 위에 털이 나기도 한다. 꽃은 길이 8-12
㎝의 꽃줄기에 피며, 붉은자주색이다. 꽃줄
기 가운데에 꽃싸개가 2장 있다. 곁꽃잎 아
래쪽에 털이 많다. 열매는 삭과다. 털제비꽃
에 비해서 전체에 짧은 털이 나지 않고, 잎자
루와 꽃줄기에만 긴 털이 있어 구분된다.

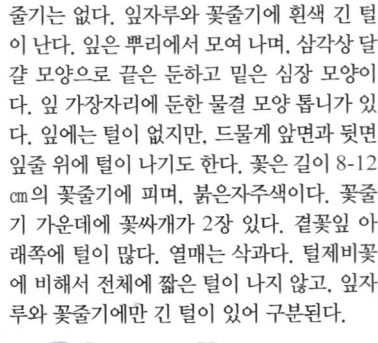

입술꽃잎

털 난
곁꽃잎

생육지	숲 속
식물형	여러해살이풀
크 기	10-20㎝
개화기	3-5월
결실기	5-7월

잔털제비꽃

Viola keiskei Miq.

뿌리줄기는 굵고, 곧추서며, 마디가 많다. 기는줄기와 줄기는 없다. 전체에 잔털이 많다. 잎은 뿌리에서 모여나며 연한 녹색, 질감이 부드러운 느낌이 든다. 잎 끝은 둥글거나 둔하고, 밑은 깊은 심장 모양이다. 잎 가장자리에 물결 모양의 톱니가 있다. 잎자루는 길이 2-8cm다. 꽃은 길이 5-10cm의 꽃줄기에 피며, 흰색이다. 꽃줄기 가운데에 꽃싸개가 2장 있으며, 털은 나지 않는다. 꽃뿔은 길이 6-7mm다. 곁꽃잎 아래쪽에 털이 조금 있다. 씨방에 털이 없다.

생육지 숲 속
식물형 여러해살이풀
크 기 10-15cm
개화기 4-5월
결실기 5-7월

털 난
곁꽃잎

암술머리

입술꽃잎

흰젖제비꽃

Viola lactiflora Nakai

길가, 밭둑 등에서 비교적 흔하게 자란다. 뿌리는 흰색이다. 잎은 모여나며 가장자리에 둔한 톱니가 있다. 잎 밑은 둔한 쐐기 모양 또는 칼로 자른 듯하고, 끝은 둔하다. 잎자루에 날개가 없다. 꽃은 잎 사이에서 난 꽃줄기 끝에 1개씩 달리고, 흰색이다. 꽃줄기 가운데 또는 조금 아래에 꽃싸개가 2장 있는데, 선형이다. 꽃받침조각은 5장이며, 피침형 또는 넓은 피침형이고, 끝이 뾰족하다. 꽃잎은 타원형이며, 곁꽃잎 안쪽에 털이 조금 있다. 꽃뿔은 길이 3-4㎜다.

생육지	산기슭 숲 가장자리
식물형	여러해살이풀
크 기	10-15cm
개화기	4-5월
결실기	5-7월

털 난
곁꽃잎

입술꽃잎

제비꽃

Viola mandshurica W. Becker

도시의 잔디밭 같은 양지바른 곳에 흔하게
자란다. 뿌리는 갈색이다. 줄기는 없다. 잎은
뿌리에서 모여나며 가장자리에 톱니가 있다.
잎자루는 길이 3-15cm이며, 위쪽이 날개처
럼 된다. 꽃은 꽃줄기 끝에 1개씩 피며, 짙은
자주색이지만 드물게 흰 바탕에 자주색 줄이
있는 것도 있다. 꽃잎은 5장이며, 곁꽃잎 안
쪽에 털이 있다. 꽃뿔은 둥글며, 길이 5-7mm
이다. 열매는 삭과이며, 넓은 타원형이고, 세
모가 진다. '오랑캐꽃'이라고도 부른다.
호제비꽃은 잎자루에 날개가 거의 발달
하지 않으며, 뿌리는 흰색이고,
곁꽃잎에 털이 없으므로
다르다.

털 난
곁꽃잎

입술꽃잎

생육지 저지대 양지
식물형 여러해살이풀
크 기 10-15cm
개화기 3-5월
결실기 5-7월

노랑제비꽃

Viola orientalis (Maxim.) W. Becker

높은 산 숲 속에 흔하게 자란다. 땅속줄기는
짧고, 곧추선다. 줄기는 모여난다. 뿌리에서
난 잎은 2-3장이며 가장자리에 톱니가 있고,
잎자루가 길다. 잎 뒷면은 갈색을 띠며, 뽀얗
게 된다. 줄기에 난 잎은 맨 아래 1장을 제
외하고는 잎자루가 짧다. 꽃은 잎겨드랑이에
2-3개가 피며, 노란색이다. 꽃잎은 5장이다.
설악산 이북에 분포하는 장백제비꽃에 비해
서 꽃은 초여름이 아니라 봄에 피며, 줄기가
연약하지 않고,
곁꽃잎은
수평으로
벌어지므로
구분된다.

털 난
곁꽃잎

입술꽃잎

생육지	높은 산의 숲 속
식물형	여러해살이풀
크 기	10-20㎝
개화기	4-5월
결실기	7-9월

고깔제비꽃

Viola rossii Hemsl.

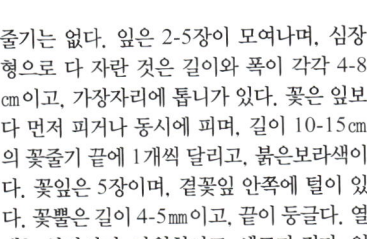

줄기는 없다. 잎은 2-5장이 모여나며, 심장
형으로 다 자란 것은 길이와 폭이 각각 4-8
㎝이고, 가장자리에 톱니가 있다. 꽃은 잎보
다 먼저 피거나 동시에 피며, 길이 10-15㎝
의 꽃줄기 끝에 1개씩 달리고, 붉은보라색이
다. 꽃잎은 5장이며, 곁꽃잎 안쪽에 털이 있
다. 꽃뿔은 길이 4-5㎜이고, 끝이 둥글다. 열
매는 삭과이며, 타원형이고, 세모가 진다. 잎
이 날 때 고깔 모양으로 둥글게 말리는 모습
에서 우리말 이름이
붙여졌다. 애기금강
제비꽃은 강원도
광덕산, 설악산 등
몇몇 곳에서만 자라며,
꽃이 흰색이므로 다르다.

생육지	숲 속
식물형	여러해살이풀
크 기	10-15cm
개화기	4-5월
결실기	5-7월

암술머리

입술꽃잎

털 난
곁꽃잎

뫼제비꽃

Viola selkirkii Pursh ex Goldie

높은 산 숲 속에 자란다. 줄기는 없다. 기는줄
기는 가늘고 길다. 잎은 2-3장이 모여나며 꽃
이 핀 후 조금 더 커진다. 잎 양면에 털이 조금
난다. 잎자루는 길이 3-10cm다. 꽃은 길이 5-
8cm의 꽃줄기 끝에 1개씩 피며, 연한 자주색
또는 보라색이다. 꽃줄기 위쪽에 꽃싸개가 2
장 있다. 꽃받침조각은 피침형이며, 부속체는
난상 삼각형으로 가장자리에 털이 난다. 꽃잎
은 5장이며, 길이 1.5-1.7cm,
입술꽃잎에 자주색 줄
이 있고, 곁꽃잎에
털이 없다.
꽃뿔은 길이
5-7mm다.

생육지	높은 산의 숲 속
식물형	여러해살이풀
크 기	5-10cm
개화기	4-5월
결실기	5-7월

곁꽃잎

입술꽃잎

민둥뫼제비꽃

Viola tokubuchiana Makino
var. *takedana* (Makino) F. Maek.

중부 이남의 산에 자란다. 뿌리줄기는 짧으며, 가늘고 긴 흰색 뿌리가 있다. 줄기는 없다. 잎 가장자리에 물결 모양의 톱니가 있으며, 앞면에 흰색 무늬가 있는 경우도 있고, 뒷면은 보통 자줏빛이 돌고 흰 털이 있다. 꽃줄기는 5-8㎝이며, 자주색 반점이 있고, 가운데 부분에 2개의 턱잎이 있다. 꽃은 흰색에 가까운 연한 분홍색이다. 꽃받침조각은 길이 6-7㎜이며, 끝이 뾰족하고, 부속체에 2-3개의 톱니가 있다. 꽃잎은 길이 12-15㎜이며, 곁꽃잎에 털이 없지만 조금 있는 경우도 있다. 꽃뿔은 원기둥 모양으로 길이 6-7㎜다.

꽃받침

털 난
곁꽃잎

입술꽃잎

생육지	숲 속
식물형	여러해살이풀
크 기	5-15㎝
개화기	4-5월
결실기	5-7월

알록제비꽃

Viola variegata Fisch. ex Link

줄기는 없다. 잎은 여러 장이 모여 나며, 심장 모양의 원형 또는 넓은 타원형으로 길이와 폭이 각각 2.5-5.0㎝이고, 가장자리에 톱니가 있다. 잎 끝은 둔하거나 둥글고, 밑은 심장 모양이다. 잎 앞면에 얼룩 반점이 있고, 뒷면은 붉은보라색을 띤다. 잎자루는 길이 2-5㎝이지만 꽃이 진 후에 15㎝ 이상 자라기도 한다. 꽃은 진한 붉은보라색이다. 꽃받침조각은 달걀 모양의 피침형으로 길이 3-7㎜다. 꽃잎은 길이 0.8-1.3㎝이며, 곁꽃잎에 털이 많다. 씨방에 털이 난다. 열매는 삭과이며, 둥근 타원형이다. 잎 앞면에 알록달록한 무늬가 있는 데서 우리말 이름이 붙여졌다.

입술꽃잎　곁꽃잎

얼룩무늬가 있는 잎

생육지	숲 속, 숲 가장자리
식물형	여러해살이풀
크 기	8-15㎝
개화기	4-5월
결실기	5-7월

콩제비꽃

Viola verecunda A. Gray

산과 들의 습한 곳에 비교적 흔하게 자란다. 줄기는 아래쪽이 누워서 비스듬히 선다. 뿌리에서 난 잎은 가장자리에 둔한 톱니가 있다. 줄기에 난 잎은 어긋나며, 넓은 심장형으로 길이 0.7-2.0cm다. 꽃은 잎겨드랑이에서 난 꽃자루 끝에 1개씩 피며, 흰색이다. 꽃잎은 길이 0.8-1.0cm이며, 입술꽃잎에 자주색 줄이 있고, 곁꽃잎에 털이 있다. 꽃뿔은 길이 2-3mm로서 짧고, 주머니 모양이다. 졸방제비꽃에 비해서 전체가 작다.

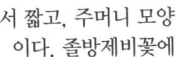

꽃받침
꽃뿔
곁꽃잎

생육지	산과 들의 습한 곳
식물형	여러해살이풀
크 기	10-20cm
개화기	4-6월
결실기	5-7월

산수유나무

Cornus officinalis Siebold et Zucc.

중국 원산으로 중부 이남에 심어 기른다. 줄기는 가지가 많이 갈라진다. 줄기가 오래되면 껍질 조각이 떨어진다. 잎은 마주나며 끝이 날카롭게 뾰족하고, 가장자리가 밋밋하다. 잎 앞면은 녹색이며 털이 나고, 뒷면은 연한 녹색 또는 흰빛이 돌며 털이 난다. 잎자루는 길이 5-10mm이며, 털이 난다. 꽃은 잎보다 먼저 피며, 20-30개가 산형꽃차례에 달리고, 지름 4-5mm, 노란색이다. 꽃자루는 가늘며, 길이 1cm쯤이고, 털이 난다. 열매는 핵과이며, 긴 타원형으로 길이 1.0-1.5cm이고, 붉게 익는다.

열매

생육지	마을 근처에 재배
식물형	낙엽 작은키나무
크기	5-12m
개화기	3-4월
결실기	9-11월

수술

꽃잎

모인꽃싸개

층층나무

Swida controversa (Hemsl.) Soják

가지가 층층이 돌려나서 수평으로 벌어지는 데서 우리말 이름이 붙여졌다. 가지는 붉은빛이 돈다. 잎은 어긋나며, 넓은 달걀 모양 또는 넓은 타원형으로 잎 가장자리는 물결 모양으로 밋밋하며, 끝은 급하게 뾰족하다. 잎 앞면은 녹색이고, 뒷면은 흰빛이 돌며 잔털이 많다. 잎자루는 길이 3-5㎝이며, 붉은빛이 돈다. 꽃은 가지 끝에 취산꽃차례로 피며, 흰색이다. 꽃자루는 길이 1-3㎝다. 꽃받침통에 털이 난다. 꽃잎은 좁고 긴 타원형이며, 수평으로 벌어진다. 수술은 4개다. 열매는 둥근 핵과이며, 검게 익는다.

꽃잎

취산꽃차례

생육지	숲 속
식물형	낙엽 큰키나무
크 기	15-25m
개화기	5-6월
결실기	9-10월

붉은참반디

Sanicula rubriflora F. Schmidt

높은 산 숲 속에 자란다. 줄기는 꽃이 핀 후에 더욱 높이 자란다. 뿌리에서 난 잎은 콩팥 모양의 원형으로 깊게 3갈래로 갈라진 후 양쪽 갈래가 다시 2갈래로 갈라진다. 줄기에 난 잎은 줄기 위쪽에서 1쌍이 마주나며, 잎자루가 없다. 꽃은 줄기의 잎 사이에서 꽃자루가 1-5개 난 후 각각에 자루가 짧은 꽃이 여러 개 달리며, 어두운 자주색이다. 열매는 분과이며, 1-3개씩 달리고, 겉에 끝이 꼬부라진 가시가 있다. 드물게 자라는 애기참반디는 전체가 작고, 꽃이 흰빛과 노란빛이 도는 녹색이므로 다르다.

수술

모인꽃싸개

생육지	높은 산의 숲 속
식물형	여러해살이풀
크 기	20-50cm
개화기	4-6월
결실기	6-9월

수정난풀

Monotropa uniflora L.

전체에 엽록소가 없으며, 흰빛이 나는 부생식물이다. 땅속줄기는 덩어리진다. 줄기는 모여나며, 곧추선다. 잎은 어긋나며, 비늘 모양, 긴 타원형이다. 꽃은 봄부터 여름까지 피며, 줄기 끝에 1개씩 밑을 향해 달리고, 종 모양으로 길이 2cm쯤, 흰색이다. 꽃잎은 5장이며, 긴 타원형이다. 수술은 10개이며, 꽃잎보다 짧다. 수술대에 털이 난다. 열매는 삭과이며, 넓은 타원형이고, 위를 향해 달린다. 씨는 달걀 모양이다.

생육지	높은 산의 숲 속
식물형	여러해살이 부생식물
크 기	8-15cm
개화기	5-8월
결실기	7-10월

나도수정난풀은 장과인 열매가 밑을 향해 달리고, 씨방은 1칸이므로 다르다.

종 모양의 꽃

엽록소가 없는 잎

진달래

Rhododendron mucronulatum Turcz.

전국의 산에 흔하게 자라며, 해외에는 만주, 몽골, 우수리, 일본에 분포한다. 줄기는 가지가 많이 갈라진다. 어린 가지는 연한 갈색으로 비늘 조각이 붙어 있다. 잎은 어긋나고 잎 양 끝이 뾰족하며, 가장자리는 밋밋하다. 잎 뒷면에 비늘 조각이 많다. 꽃은 잎보다 먼저 피며, 가지 끝에 1-5개씩 달리고, 연한 분홍색이다. 꽃부리는 벌어진 깔때기 모양이며, 지름 3-5cm다. 수술은 10개이며, 암술대보다 짧고, 수술대 아래쪽에 털이 난다. 열매는 삭과이며, 타원형이다. '참꽃'이라 부르기도 하며, 꽃을 먹을 수 있다.

생육지	숲 속, 산 능선
식물형	낙엽 떨기나무
크 기	2-3m
개화기	3-5월
결실기	5-7월

수술

암술

5갈래 꽃부리

진달래과

철쭉나무

Rhododendron schlippenbachii Maxim.

제주도를 제외한 전국의 산에 흔하게 자라
며, 해외에는 만주와 우수리 지방에 분포한
다. 어린 가지는 회색이 도는 갈색이며, 진달
래에 비해 굵다. 잎은 가지 끝에 4-5장씩 어
긋나게 모여나며 가장자리가 밋밋하다. 꽃은
잎과 동시에 피며, 가지 끝에 3-7개씩 산형으
로 달리고, 연한 분홍색이다. 수술은 10개이
며, 그 중 5개가 길다. 암술은 1개다. 꽃잎을
먹을 수 없기 때문에 '개꽃'이라 부르
기도 한다. 진달래에 비해서 꽃은 조
금 늦게 잎과 동시에 피며, 더욱 크
고, 잎은 달걀 모양이므로 구분된다.

생육지	산 능선, 숲 속
식물형	낙엽 떨기나무
크 기	2-5m
개화기	4-6월
결실기	6-8월

5갈래 꽃부리

수술

수술

암술

암술

흰꽃

산철쭉

Rhododendron yedoense Maxim. ex Regel
var. *poukhanense* (H. Lév.) Nakai

평안북도 이남 산기슭 물가 또는 고산지대에 자라며, 해외에는 일본 쓰시마 섬에만 분포한다. 물가에 흔히 자라기 때문에 '물철쭉' 또는 '수달래'라고도 부른다. 한라산, 지리산 등지에서는 고지대에도 분포한다. 잎은 어긋나며 점액 성분이 있어서 만지면 끈적거린다. 잎 가장자리는 밋밋하며 잎자루가 짧고, 갈색 털이 난다. 꽃은 2-3개가 산형으로 달리며, 짙은 붉은색 또는 드물게 흰색이다. 꽃부리는 깔때기 모양이며, 위쪽에 짙은 자주색 반점이 있고, 지름 5-6㎝다. 기본종은 겹꽃이 피며, 많은 원예종이 있다.

수술

암술

5갈래 꽃부리

생육지	산기슭의 물가 높은 산의 풀밭
식물형	낙엽 떨기나무
크기	1-2m
개화기	4-6월
결실기	6-8월

산앵도나무

Vaccinium hirtum Thunb.
var. *koreanum* (Nakai) Kitam.

제주도를 제외한 전국의 비교적 높은 산에
자라는 한국 특산식물이다. 잎은 어긋나며
가장자리에 안으로 굽은 잔 톱니가 있다. 잎
자루는 짧다. 꽃은 지난해 가지 끝 총상꽃차
례에 2-5개씩 달리며, 연한 분홍색 또는 흰
색이다. 꽃부리는 종 모양이며, 끝이 5갈래
로 얕게 갈라져 뒤로 말리고, 길이 6-8㎜다.
수술은 10개이며, 수술대는 중앙 위쪽에 털
이 난다. 꽃밥은 2실이며, 뒤쪽 가운데에 2
개의 작은 돌기가 나기도 한다. 씨방은 5실이
다. 열매는 장과이며, 절구 모양, 붉게 익고,
먹을 수 있다.

열매

꽃받침통

생육지 **높은 산의 숲 속**
식물형 **낙엽 떨기나무**
크 기 **0.6-1.5m**
개화기 **5-6월**
결실기 **7-9월**

종 모양
꽃부리

봄맞이

Androsace umbellata (Lour.) Merr.

들판이나 밭 가장자리에 흔하게 자란다. 전체에 퍼진 털이 있다. 잎은 뿌리에서 10-30장이 나와 땅 위로 퍼지며, 심장형 또는 둥근 달걀 모양으로 길이와 폭이 각각 4-15㎜이고, 가장자리에 톱니가 있다. 잎자루는 길이 1-2㎝다. 꽃은 잎 사이에서 난 꽃줄기 끝에 4-10개씩 산형꽃차례로 피며, 흰색이고, 지름 4-5㎜다. 꽃받침과 꽃부리는 5갈래로 깊게 갈라진다. 설악산과 금강산에 분포하는 금강봄맞이에 비해서 전체에 털이 많고, 두해살이풀이며, 잎은 가장자리가 갈라지지 않으므로 구분된다.

꽃받침

5갈래 꽃부리

생육지	밭, 들판
식물형	두해살이풀
크 기	10-15㎝
개화기	4-5월
결실기	5-7월

좀가지풀

Lysimachia japonica Thunb.

산과 들의 양지바른 곳에 자란다. 줄기는 누
워 자라며, 가지가 갈라진다. 잎은 마주나며,
달걀 모양 또는 둥근 달걀 모양이고, 가장자
리가 밋밋하다. 꽃은 잎겨드랑이에서 난 길이
3-8㎜의 꽃자루에 1개씩 피며, 노란색이고,
지름 0.5-1.0㎝다. 꽃자루는 길이 0.3-1.2㎝
이며, 꽃이 진 다음에 아래를 향해 구부러진
다. 꽃받침은 5갈래로 깊게 갈라지며, 갈래
는 피침형이다. 꽃부리는 5갈래로 깊게
갈라지며, 갈래는
달걀 모양이다.
수술은 5개이고,
암술은 1개다.

꽃받침

수술

암술

꽃받침

5갈래 꽃부리

생육지	산과 들의 양지
식물형	여러해살이풀
크 기	7-20㎝
개화기	4-6월
결실기	6-9월

큰앵초

Primula jesoana Miq.

전체에 잔털이 있다. 뿌리줄기는 짧게 옆으로 뻗는다. 줄기는 없다. 잎은 뿌리에서 모여나며, 손바닥 모양의 둥근 신장형으로 길이 4-8㎝, 폭 6-12㎝다. 잎몸은 7-9갈래로 얕게 갈라지며, 가장자리에 이 모양의 톱니가 있다. 잎 앞면은 털이 나고, 뒷면은 털이 거의 없다. 잎자루는 길이 15-30㎝다. 꽃은 20-40㎝의 꽃줄기 위쪽에 1-4층으로 층층이 달리며, 각 층에 꽃이 5-6개씩 붙는다. 꽃자루는 길이 1-4㎝다. 꽃부리는 붉은보라색이지만 드물게 흰색도 있으며, 지름 1.5-2.5㎝다. 꽃부리의 통 부분은 길이 1.2-1.4㎝다. 수술은 5개다.

5갈래
꽃부리

생육지	높은 산의 숲 속
식물형	여러해살이풀
크 기	20-40㎝
개화기	5-6월
결실기	7-9월

설앵초

Primula modesta Bisset et S. Moore
멸종위기종 var. *fauriei* (Franch.) Takeda

가야산, 덕유산, 영남 알프스, 제주도의 바위
지대에 자란다. 줄기는 없으며, 꽃줄기는 높
이 15㎝쯤이다. 잎은 뿌리에서 모여나며 잎
가장자리에 톱니가 있고, 뒷면은 흰 연두색
가루를 덮어쓴 것 같다. 꽃은 길이 5-15㎝의
산형꽃차례에 피며, 연한 자주색 또는 드물
게 흰색이고, 지름 1.0-1.4㎝다. 모인꽃싸개
잎은 비늘 모양이며, 밑부분이 굵어지지 않
는다. 꽃부리는 위쪽이 5갈래로 갈라지며,
갈래의 끝은 가운데가 오목하게
들어간다. 수술은 5개이고,
암술은 1개다.

5갈래
꽃부리

2갈래 진
꽃부리갈래

생육지	높은 산의 풀밭과 바위지대
식물형	여러해살이풀
크 기	**10-20㎝**
개화기	**4-6월**
결실기	**7-9월**

앵초

Primula sieboldii E. Morren

냇가 부근 습지에 자란다. 전체에 꼬불꼬불한 털이 많다. 줄기는 없으며, 꽃줄기는 높이 15-40㎝다. 뿌리줄기는 옆으로 비스듬히 서며, 잔뿌리가 내린다. 잎은 뿌리에서 모여나며 잎 가장자리는 얕게 갈라지고, 톱니가 있다. 잎 앞면은 주름이 진다. 잎자루는 잎몸보다 1-4배 길다. 꽃은 7-20개가 산형꽃차례를 이루어 달리며, 붉은보라색 또는 드물게 흰색이다. 꽃자루는 길이 2-3㎝이며, 돌기 같은 털이 있다. 꽃부리는 지름 2-3㎝이며, 5갈래로 갈라지고, 갈래가 수평으로 벌어진다.

생육지	숲 속
식물형	여러해살이풀
크 기	15-40㎝
개화기	4-5월
결실기	7-9월

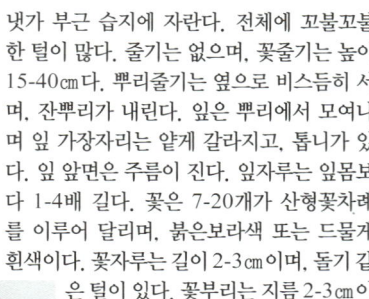

5갈래
꽃부리

때죽나무

Styrax japonicus Siebold et Zucc.

줄기는 흑갈색이다. 잎은 어긋나며, 달걀 모양 또는 긴 타원형이다. 꽃은 잎겨드랑이에서 난 총상꽃차례에 2-5개씩 달리며, 흰색이고, 지름 1.5-3.5cm, 향기가 좋다. 꽃자루는 길이 1-3cm이며, 가늘다. 수술은 10개이며, 길이 1.0-1.5cm이고, 아래쪽에 흰 털이 있다. 열매는 핵과이며, 둥글고, 완전히 익으면 껍질이 벗겨져서 씨가 나온다. 쪽동백나무에 비해서 중부 이남에만 분포하며, 잎겨드랑이에서 난 꽃차례가 매우 짧아서 꽃차례를 이루지 않은 것처럼 보이므로 구분된다.

열매

꽃자루

꽃받침

5갈래
꽃부리

생육지	숲 속
식물형	낙엽 작은키나무
크 기	5-15m
개화기	5-6월
결실기	8-10월

쪽동백나무

Styrax obassia Siebold et Zucc.

줄기는 검은빛이 난다. 잎은 어긋나며 가장자리에 잔 톱니가 있다. 잎자루는 길이 1-2㎝다. 꽃은 새가지에서 난 길이 10-20㎝의 총상꽃차례에 20여 개가 밑을 향해 달리며, 흰색이고, 향기가 좋다. 꽃자루는 길이 1㎝쯤이다. 꽃받침은 5-9갈래로 갈라진다. 꽃부리는 지름 2㎝쯤이며, 끝이 5갈래로 갈라진다. 열매는 핵과이며, 타원형으로 길이 2㎝쯤이고, 9월에 익는다. 꽃은 동백나무 꽃처럼 통째로 떨어진다. 때죽나무에 비해서 꽃차례는 길이 10-20㎝로 길고, 20여 개의 꽃이 달리므로 구분된다.

수술

5갈래
꽃부리

암술

생육지	숲 속
식물형	낙엽 작은키나무
크 기	5-15m
개화기	5-6월
결실기	8-10월

노린재나무

Symplocos sawafutagi Nagam.

줄기는 가지가 많이 갈라진다. 잎은 어긋나며
가장자리에 안쪽으로 구부러진 가는 톱니가
있다. 꽃은 길이 4-7㎝의 원추꽃차례에 달
리며, 흰색이고, 지름 6-8㎜다. 꽃받침과 꽃
부리는 5갈래로 갈라진다. 수술은 많고, 꽃부
리보다 길다. 열매는 핵과이며, 타원형이고,
9월에 남색으로 익는다. 줄기를 태우면
노란 재가 남는 데서 우리말 이름이
붙여졌다. 남부지방과 일본에 분포
하는 검노린재나무는 꽃차례가 더욱
크게 발달하며, 잎은 아래쪽이
쐐기 모양이거나 길게
뾰족하고, 열매가
검게 익으므로
구분된다.

열매

수술

생육지	숲 속
식물형	낙엽 떨기나무
크 기	3-6m
개화기	5-6월
결실기	8-10월

암술

5(6)갈래
꽃부리

검노린재나무

Symplocos tanakana Nakai

남부지방에 자라며, 해외에는 일본에 분포한다. 줄기에 가로로 난 껍질눈이 있다. 어린 가지에 털이 난다. 잎은 어긋나며 잎 가장자리에 뾰족한 톱니가 있다. 잎 앞면은 잎줄 위에 털이 조금 나며, 뒷면은 가운데 잎줄 위에 털이 많다. 꽃은 가지 끝에 원추꽃차례로 피며, 흰색이다. 꽃받침조각은 달걀 모양이며, 부드러운 털이 있다. 수술은 5개의 뭉치로 나누어진다. 열매는 핵과이며, 둥근 달걀 모양이고, 9월에 검게 익어서 오래 달려 있다. 노린재나무와는 달리 열매가 검은색이다.

열매

암술

5갈래 꽃부리

꽃봉오리

수술

생육지	숲 속
식물형	낙엽 떨기나무
크 기	3-6m
개화기	5-6월
결실기	9-10월

미선나무

Abeliophyllum distichum Nakai
멸종위기종

경기도 북한산, 충청북도 괴산·영동·진천, 전라북도 변산반도, 황해도의 저지대 숲 속에 드물게 자라는 한국 특산식물이다. 줄기는 가지 끝이 처진다. 잎은 마주나며 끝이 뾰족하다. 꽃은 잎보다 먼저 피며, 가지 끝 총상꽃차례에 달리고, 흰색 또는 연한 분홍색이다. 꽃받침은 종 모양이며, 끝이 4갈래로 갈라지고, 갈래는 타원형으로 끝이 둥글다. 꽃잎은 긴 종 또는 깔때기 모양이며, 4갈래로 갈라진다. 수술은 2개이고, 암술은 1개다. 열매는 둥근 부채 모양이고, 익어도 저절로 터지지 않는다. 열매 모양이 미선(부채)을 닮아서 우리말 이름이 붙여졌다.

잎과 줄기

열매

꽃받침

4갈래
꽃부리

생육지	저지대 숲 속
식물형	낙엽 떨기나무
크 기	1-2m
개화기	3-4월
결실기	7-9월

이팝나무

Chionanthus retusus Lindl. et Paxton

중부지방 이남 바닷가 숲 속에 주로 자란다. 줄기의 어린 가지는 황갈색으로 껍질이 벗겨진다. 잎은 마주나며 감나무 잎을 닮았다. 꽃은 새가지 끝 원추꽃차례에 피며, 흰색이고, 향기가 난다. 꽃받침은 4갈래로 갈라진다. 꽃잎은 깊게 4갈래로 갈라지며, 갈래는 선형이고 통부筒部 보다 훨씬 길다. 수술은 2개이며, 꽃부리에 붙어 있고, 수꽃에는 암술이 없다. 열매는 타원형 핵과이며, 길이 1.0-1.5㎝다. 꽃이 피면 나무 전체가 눈이 내린 것처럼 하얗게 된다. 중부지방 내륙에서도 월동이 잘되므로 가로수나 정원수로 심을 만하다.

생육지	바닷가의 숲 속
식물형	낙엽 큰키나무
크 기	10-30m
개화기	5-6월
결실기	9-11월

열매

개나리

Forsythia koreana (Rehder) Nakai

전국에 심어 기르는 한국 특산식물이다. 줄기의 속은 흰색, 군데군데 비어 있거나 계단을 이룬다. 가지가 늘어진다. 잎은 마주나며 잎 끝은 길게 뾰족하고, 밑은 쐐기 모양이다. 잎 가장자리는 중앙 이상에 톱니가 있다. 잎자루는 길이 1-2cm이며, 처음에 털이 조금 난다. 꽃은 잎보다 먼저 암수딴그루로 피며, 잎겨드랑이에 1-3개씩 달리고, 노란색이다. 꽃부리는 긴 종 또는 깔때기 모양이며, 길이 1.7-2.5cm이고, 끝이 4갈래로 깊게 갈라진다. 갈래는 수평으로 벌어진다. 열매는 삭과이며, 잘 열리지 않는다.

잎

생육지	산기슭
식물형	낙엽 떨기나무
크 기	2-5m
개화월	2-4월
결실기	8-10월

꽃밥

4갈래
꽃부리

열매

만리화

Forsythia ovata Nakai
멸종위기종

강원도, 경상북도, 황해도의 고지대 숲 속에
자라는 한국 특산식물이다. 줄기는 가지가 갈
라져 옆으로 퍼지기는 하지만 아래로 늘어지
지는 않는다. 잎은 마주나며, 끝이 뾰족하다.
잎 가장자리에 톱니가 있다. 꽃은 잎보다 먼
저 피며, 잎겨드랑이에 1개씩 달리고, 밝은 노
란색이다. 꽃부리는 4갈래로 깊게 갈라진다.
수술은 2개이며, 꽃부리에 붙고 암술보다 짧
다. 산개나리는 잎이 타원형 또는 넓은 피침형
으로 길이가 폭보다 훨씬
길므로 다르다.

잎

암술머리

생육지	높은 산의 숲 속
식물형	낙엽 떨기나무
크 기	1-2m
개화기	4-5월
결실기	8-10월

4갈래
꽃부리

물푸레나무

Fraxinus rhynchophylla Hance

어린 가지는 회갈색이며, 털이 없다. 잎은 마주나며, 작은잎 5-7장으로 이루어진 깃꼴겹잎이다. 작은잎은 달걀 모양 또는 넓은 피침형으로 양끝이 뾰족하고, 가장자리에 물결 모양의 톱니가 있다. 끝에 달린 작은잎이 가장 크다. 잎 앞면은 녹색이며 털이 없고, 뒷면은 가운데 잎줄에 갈색 털이 난다. 꽃은 암수딴그루로 피지만 양성꽃이 함께 달리기도 하며, 새가지 끝에 원추꽃차례를 이룬다. 꽃받침은 4갈래로 갈라지며, 꽃잎은 없다. 열매는 시과이며, 길이 2-4㎝이고, 날개는 피침형 또는 긴 피침형으로 끝이 둔하거나 조금 오목하다.

생육지	산기슭, 계곡 주변
식물형	낙엽 큰키나무
크 기	10-20m
개화기	4-5월
결실기	9-10월

잎(부분)

줄기

쇠물푸레

Fraxinus sieboldiana Blume

어린 가지는 회갈색이며, 잔털이 난다. 잎은 마주나며, 작은잎 5-9장으로 된 깃꼴겹잎이다. 작은잎은 달걀 모양으로 가장자리에 톱니가 있거나 거의 없다. 꽃은 암수딴그루로 피며, 새가지 끝에서 난 길이 10㎝쯤의 원추꽃차례에 달리고, 흰색이다. 꽃잎은 4장이며, 선형이고, 수술과 길이가 같다. 수술은 2개다. 암꽃에 퇴화된 작은 수술이 있다. 물푸레나무에 비해 전체가 작은 데서 우리말 이름이 붙여졌다. 물푸레나무에 비해서 꽃잎이 있으므로 구분된다.

생육지	숲 속
식물형	낙엽 작은키나무
크 기	5-10m
개화기	5-6월
결실기	8-10월

수술

꽃잎

원추꽃차례

대성쓴풀

Anagallidium dichotomum (L.) Griseb.

멸종위기종

북방계 식물로 북부지방에도 알려져 있지 않지만 강원도 금대봉에 자란다. 해외에는 만주, 몽골, 시베리아, 중앙아시아에 분포한다. 한해살이풀이다. 줄기는 비스듬히 서며, 연약하고, 네모가 진다. 가지는 Y자로 갈라진다. 꽃은 가지 끝이나 잎겨드랑이에서 피며, 흰색이다. 꽃자루는 가늘며, 길이 1-4cm이고, 밑으로 드리운다. 꽃부리는 4갈래로 깊게 갈라지며, 갈래는 달걀 모양이고 아래쪽에 꿀샘이 있다. 열매는 삭과이며, 달걀 모양이다.

생육지	**숲 속**
식물형	**한해살이풀**
크 기	**10-20cm**
개화기	**5-6월**
결실기	**7-8월**

꿀샘

암술

수술

4갈래
꽃부리

꽃받침

큰구슬붕이

Gentiana zollingeri Fawc.

줄기는 곧추서며, 능선과 잔 돌기가 있다. 뿌리에서 난 잎은 줄기에 난 잎보다 작고, 꽃이 필 때 마른다. 줄기에 난 잎은 마주나며 가장자리가 두껍고 흰색이다. 꽃은 몇 개씩 줄기 끝에 모여달리며, 자줏빛이 돈다. 꽃부리는 길이 2.0-2.5㎝이며, 꽃받침보다 2.0-2.5배 길고, 갈래 사이에 작은 갈래가 있다. 구슬붕이에 비하여 꽃이 큰 데서 우리말 이름이 붙여졌다. 우리나라의 용담속 한해 또는 두해살이풀 가운데 유일하게 줄기에 난 잎이 뿌리에서 난 잎보다 커서 구분된다.

암술머리

생육지	숲 속
식물형	두해살이풀
크 기	5-10㎝
개화기	3-6월
결실기	7-10월

꽃받침

꽃부리

민백미꽃

Cynanchum ascyrifolium (Franch. et Sav.)
Matsum.

전체에 가는 털이 난다. 줄기는 곧추서며, 녹
색이고, 가지가 갈라지지 않는다. 잎은 마주
나며 가장자리가 밋밋하다. 잎 앞면은 녹색이
고, 뒷면은 연한 녹색이다. 꽃은 줄기 끝과 위
쪽 잎겨드랑이에 산형으로 달려 전체적으로
취산꽃차례를 이루며, 흰색이고, 지름 1.5-1.8
㎝쯤이다. 꽃자루는 길이 1-3㎝다. 꽃받침은
5갈래로 갈라지며, 잔털이 난다. 꽃부리는
5갈래로 갈라지며, 갈래는 좁은
달걀 모양이고, 겉에 털이 없다.
열매는 골돌이며, 뿔 모양이고,
털이 없다.

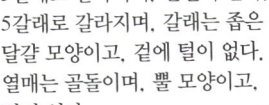

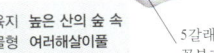

5갈래
꽃부리

생육지 **높은 산의 숲 속**
식물형 **여러해살이풀**
크 기 **30-60㎝**
개화기 **5-6월**
결실기 **8-10월**

백미꽃

Cynanchum atratum Bunge

산과 들에 비교적 드물게 자란다. 전체에 부드러운 잔털이 많다. 상처를 내면 우윳빛 즙액이 나온다. 줄기는 곧추서며, 가지가 거의 갈라지지 않는다. 잎은 마주나며, 두껍고 잎 가장자리는 밋밋하거나 물결 모양이다. 잎 양면에 흰색 털이 많이 난다. 꽃은 위쪽 잎겨드랑이에서 여러 개가 산형으로 모여 달리며, 진한 보라색이고, 지름 1.4-1.8cm다. 꽃자루는 길이 0.8-1.0cm다. 꽃받침은 5갈래로 갈라지며, 털이 난다. 꽃부리는 5갈래로 갈라지며, 겉에 털이 난다. 열매는 골돌이며, 길이 7-10cm, 지름 1.5-2.0cm다.

5갈래
꽃부리

생육지	산과 들의 양지
식물형	여러해살이풀
크 기	30-40cm
개화기	3-5월
결실기	3-5월

모래지치

Argusia sibirica (L.) Dandy

전체에 회색 털이 많다. 땅속줄기는 옆으로
길게 뻗는다. 줄기는 가지가 많이 갈라진다.
잎은 어긋나며 잎 가장자리는 밋밋하고, 양
면에 털이 많다. 꽃은 가지 끝과 위쪽 잎겨드
랑이의 취산꽃차례에 달리며, 흰색이고, 지
름 8-10㎜, 향기가 있다. 꽃받침은 5갈래로
깊게 갈라진다. 꽃부리는 5갈래로 갈라지며,
통부筒部는 길이 6-7㎜이고, 통부 입구가 노
란빛을 띤다. 수술은 5개이며, 꽃부리 밖으
로 나오지 않는다. 씨방은 4실이고,
암술대는 씨방 위에 붙으며 짧고 굵다.

5갈래
꽃부리

생육지	바닷가 모래땅
식물형	여러해살이풀
크 기	25-40㎝
개화기	5-6월
결실기	7-9월

당개지치

Brachybotrys paridiformis Maxim.

뿌리줄기가 옆으로 길게 뻗는다. 줄기는 곧추 선다. 잎은 어긋나며, 줄기 위쪽에서는 촘촘하게 달려 5-6장이 돌려난 것처럼 보인다. 잎 앞면과 가장자리에 긴 흰색 털이 있다. 꽃은 총상꽃차례에 몇 개가 달리며, 자주색 또는 진한 보라색이고, 지름 1㎝쯤이다. 꽃대는 길이 4㎝쯤이며, 잎 아래쪽으로 드리우는 경우가 많다. 꽃자루는 길이 0.5-2.0㎝다. 꽃부리는 5갈래로 갈라지며, 갈래는 타원형이고, 통부는 짧아서 뚜렷하지 않다. 수술은 5개이며, 짧다. 암술은 1개이고, 암술대는 길다.

꽃받침

꽃밥

5갈래 꽃부리

생육지	높은 산의 숲 속
식물형	여러해살이풀
크 기	30-40㎝
개화기	4-5월
결실기	7-9월

지치

Lithospermum erythrorhizon Siebold et Zucc.

산과 들에 드물게 자란다. 전체에 털이 많다. 뿌리는 굵고, 땅속 깊이 들어가며, 마르면 자주색이다. 줄기는 곧추서며, 위쪽에서 가지가 갈라진다. 잎은 어긋나며 가장자리가 밋밋하다. 잎 앞면의 잎줄 자리가 오목하게 들어간다. 꽃은 줄기 끝 총상꽃차례에 달리며, 흰색이고, 지름 4-5mm다. 꽃싸개잎은 잎 모양이며, 크다. 꽃자루는 매우 짧으나 꽃이 진 다음 5-7mm로 자란다. 꽃받침은 5갈래로 깊게 갈라진다. 꽃부리는 5갈래로 갈라지며, 통부 입구에 비늘 조각이 5개 있다.

생육지	숲 속
식물형	여러해살이풀
크 기	30-70cm
개화기	5-7월
결실기	6-9월

5갈래
꽃부리

반디지치

Lithospermum zollingeri A. DC.

주로 남부지방에 자라지만 서해안으로는 안면도를 거쳐 인천의 섬에까지 올라와 자란다. 전체에 퍼진 털이 있다. 줄기는 가늘다. 꽃이 진 후에 옆으로 뻗는 가지가 나와서 그 끝에 뿌리가 나고 이듬해 새싹이 돋는다. 잎은 어긋나며 끝이 뾰족하다. 잎 앞면은 아래쪽에 거센 털이 난다. 꽃은 잎겨드랑이에서 피며, 푸른빛이 도는 자주색이고, 지름 1-2㎝다. 꽃받침은 5갈래로 깊게 갈라진다. 꽃부리는 5갈래로 갈라지며, 갈래의 중앙에 흰 줄이 있다. 수술은 5개다. 열매는 소견과이며, 흰색이다.

생육지	바닷가 모래땅 양지바른 풀밭
식물형	여러해살이풀
크 기	15-25㎝
개화기	5-6월
결실기	7-8월

5갈래
꽃부리

꽃마리

Trigonotis peduncularis (Trevis.) Benth.
ex Baker et S. Moore

저지대에 흔하게 자란다. 분포지역이 동북아시아, 중앙아시아, 유럽 등으로 매우 넓다. 전체에 눌린 털이 난다. 줄기는 밑에서 가지가 많이 갈라지며, 곧추 자란다. 잎은 어긋나며 가장자리가 밋밋하다. 꽃은 가지 끝 총상꽃차례에 피며, 연한 하늘색이고, 지름 2-3㎜다. 꽃차례는 둥글게 말렸다가 펴지면서 길이 5-20㎝가 된다. 꽃받침이 5갈래로 갈라진다. 꽃부리는 통부가 짧고, 끝이 5갈래로 갈라진다.

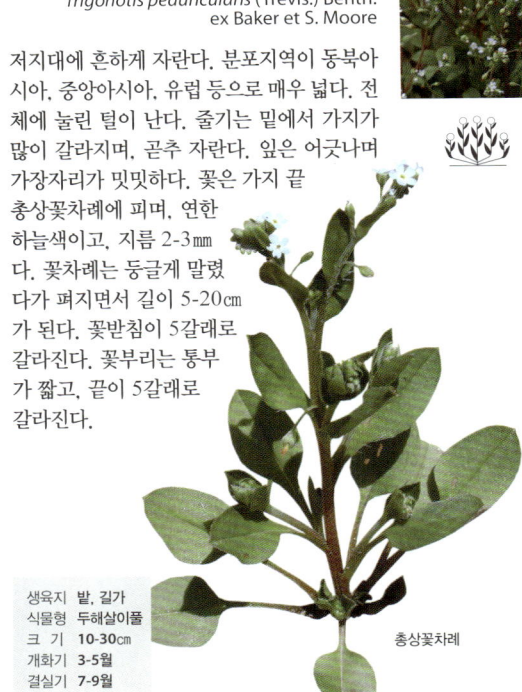

생육지	밭, 길가
식물형	두해살이풀
크 기	10-30㎝
개화기	3-5월
결실기	7-9월

총상꽃차례

참꽃마리

Trigonotis radicans (Turcz.) Steven
var. *sericea* (Maxim.) H. Hara

전체에 눌린 털이 난다. 줄기는 여러 대가 모여 나며, 비스듬히 서고, 높이 10-15㎝로 자란 후 땅 위를 기며 더 자란다. 잎은 어긋나며, 달걀 모양으로 가장자리가 밋밋하다. 잎자루는 뿌리에서 난 잎에서는 길고, 줄기에 난 잎에서는 짧다. 꽃은 줄기 위쪽 잎겨드랑이 조금 위에 피는데 5-15개가 총상꽃차례를 이루며, 하늘색 또는 연한 보라색이고, 지름 7-10㎜다. 꽃자루는 길이 1-2㎝다. 꽃부리는 통 모양이며, 5갈래로 갈라진다. 덩굴꽃마리에 비해서 꽃차례에 잎이 달리며, 전체에 눌린 털이 나므로 구분된다.

생육지	숲 속
식물형	여러해살이풀
크 기	10-30㎝
개화기	4-5월
결실기	7-9월

잎

5갈래
꽃부리

조개나물

Ajuga multiflora Bunge

저지대 양지바른 곳에 흔하게 자란다. 전체에 길고 흰 솜털이 많다. 줄기는 곧추서며, 가지가 갈라지지 않는다. 꽃은 5-10개가 잎겨드랑이에 층층이 돌려달리며, 자주색이지만 드물게 분홍색, 흰색도 있다. 꽃자루가 없다. 꽃받침은 위쪽이 5갈래로 갈라진다. 꽃부리는 긴 통 모양이며, 길이 1.4-2.2 ㎝다. 윗입술은 짧고, 아랫입술은 3갈래로 갈라진다. 수술은 4개이며, 2개가 길다. 열매는 소견과다.

꽃부리

아랫입술

생육지	저지대 양지
식물형	여러해살이풀
크 기	10-30㎝
개화기	4-5월
결실기	6-8월

자란초

Ajuga spectabilis Nakai

숲 속에 드물게 자라는 한국 특산식물이다. 뿌리줄기는 흰색이며, 옆으로 길게 뻗는다. 줄기는 곧추서며, 털이 없다. 잎은 마주나며 끝은 뾰족하고, 가장자리에 굵고 거친 톱니가 있다. 꽃은 줄기 끝과 위쪽 잎겨드랑이에 짧은 총상꽃차례로 피며, 진한 보라색이다. 꽃받침은 종 모양이며, 5갈래로 갈라진다. 꽃부리는 통 모양이며, 끝이 입술 모양으로 되는데 윗입술은 짧고 2갈래, 아랫입술은 길고 3갈래, 가운데 갈래는 다시 2갈래로 갈라진다. 수술은 4개 중에 2개가 길다.

꽃부리

생육지	숲 속
식물형	여러해살이풀
크 기	30-60㎝
개화기	5-6월
결실기	7-9월

아랫입술

긴병꽃풀

Glechoma longituba (Nakai) Kuprian.

밭둑이나 숲 가장자리에 드물게 자란다. 줄기는 꽃이 진 다음 50㎝ 이상으로 길게 자라 뻗는다. 잎은 마주나며, 콩팥 모양의 심장형으로 가장자리에 둥근 톱니가 있다. 꽃은 잎 겨드랑이에 1-3개씩 층을 이루어 달리며, 연한 자주색이다. 꽃받침은 꽃부리 길이의 절반 이하이며, 갈래는 달걀 모양의 삼각형으로 끝이 뾰족하다. 꽃부리는 입술 모양이며, 길이 1.5-2.5㎝이고, 안쪽에 짙은 자주색 반점이 있다. 윗입술은 끝이 오목하게 들어간다. 아랫입술은 3갈래이며, 윗입술보다 두 배쯤 길고, 가운데 갈래가 가장 큰데 안쪽에 흰색 긴 털이 난다.

꽃받침

윗입술

꽃부리

아랫입술

생육지	숲 가장자리
식물형	여러해살이풀
크 기	20-80㎝
개화기	4-5월
결실기	6-8월

광대수염

Lamium album L.
var. *barbatum*. (Siebold et Zucc.) Franch. et Sav.

습기 많은 물가 또는 숲 속에 자란다. 전체에 털이 있다. 줄기는 네모가 지고, 털이 조금 난다. 잎은 마주나며 가장자리에 거친 톱니가 있다. 잎 끝은 뾰족하고, 밑은 둥글거나 심장형이다. 잎 양면은 잎줄 위에 털이 드문드문 난다. 꽃은 잎겨드랑이에서 5-6개씩 층층이 달리며, 흰색 또는 연한 노란색이다. 꽃이 달리는 잎에도 잎자루가 있다. 꽃받침은 5갈래로 중앙까지 갈라진다. 꽃부리의 아랫입술은 넓게 퍼지며, 옆에 부속체가 있다. 수술은 4개 중에 2개가 길며, 암술은 1개다.

꽃부리

꽃받침

생육지	숲 속
식물형	여러해살이풀
크 기	30-60㎝
개화기	4-6월
결실기	6-8월

광대나물

Lamium amplexicaule L.

양지바른 밭이나 길가에 자란다. 줄기는 밑
에서 많이 갈라지며, 자줏빛이 돈다. 잎은 마
주나며, 모양과 크기가 다른 2종류가 있다.
꽃은 잎겨드랑이에 여러 개가 달리며, 붉은
보라색이다. 보통 이른 봄에 꽃이 피지만 남
부지방에서는 겨울철인 11-2월에도 꽃을 볼
수 있다. 꽃부리는 길이 1.5-
2.0㎝이며, 통이 길고, 위쪽
에서 갈라지며, 아랫입술은
3갈래로 갈라진다.
어린 잎은 나물로
먹는다.

윗입술

아랫입술

꽃부리

꽃받침

생육지	밭, 길가
식물형	두해살이풀
크 기	10-30㎝
개화기	3-5월
결실기	6-8월

벌깨덩굴

Meehania urticifolia (Miq.) Makino

전체에서 향기가 조금 난다. 줄기는 사각형이며, 꽃이 진 후에 옆으로 길게 뻗고 마디에서 뿌리가 내린다. 잎은 꽃줄기에 5쌍쯤이 마주난다. 꽃은 꽃줄기 위쪽 잎겨드랑이에서 한쪽을 향해 피며, 보통 보라색이지만 드물게 붉은색 또는 흰색이다. 꽃받침은 끝이 5갈래로 갈라진다. 꽃부리의 윗입술은 2갈래로 깊게 갈라지며, 아랫입술은 3갈래로 갈라진다. 수술은 4개이며, 뒤에 있는 2개가 길고, 꽃부리 밖으로 나오지 않는다. 어린 잎은 나물로 먹는다.

생육지	숲 속
식물형	여러해살이풀
크 기	20-80cm
개화기	4-6월
결실기	7-9월

윗입술

아랫입술

꽃부리 꽃받침

미치광이풀

Scopolia parviflora (Dunn) Nakai

높은 산 숲속에 비교적 드물게 자라는 한국 특
산식물이다. 뿌리줄기는 통통하며, 마디가 많
고, 여러 대의 줄기가 나온다. 줄기는 곧추서
며, 가지가 조금 갈라진다. 잎은 어긋나며 가
장자리가 밋밋하다. 꽃은 잎겨드랑이에서 난
꽃자루에 1개씩 달려 아래를 향하며, 검은빛
이 도는 보라색이고, 길이 1.2-2.0㎝다. 꽃
받침은 5갈래로 갈라지는데 갈래는 크기가
다르며, 녹색이다. 꽃부리는 종 모양이며, 가
장자리가 5갈래로 얕게 갈라진다. 일본에 나
는 것과 같은 것으로 보거나 일본산 변종으로
보기도 한다.

꽃받침

꽃부리

생육지	숲 속
식물형	여러해살이풀
크 기	30-60㎝
개화기	4-5월
결실기	8-10월

큰개불알풀

Veronica persica Poir.

유럽 원산으로 남부지방에 들어와 자라는 귀화식물이다. 전체에 부드러운 털이 난다. 줄기는 가지가 갈라져서 아래쪽이 비스듬히 자란다. 잎은 아래쪽에서는 마주나지만 위쪽에서는 어긋나며 가장자리에 끝이 둔한 톱니가 3-5개씩 있다. 잎 양면에 털이 드문드문 난다. 잎자루는 길이 1-5㎜다. 꽃은 잎겨드랑이에서 1개씩 달리며, 하늘색이고, 지름 7-10㎜다. 꽃자루는 길이 1-4㎝다. 꽃받침은 4갈래로 갈라진다. 꽃부리는 4갈래로 갈라지는데, 아래쪽 것이 조금 작다.

꽃받침

생육지	저지대 길가나 빈터
식물형	두해살이풀
크 기	**10-30㎝**
개화기	**3-5월**
결실기	**3-7월**

암술

수술

4갈래
꽃부리

개종용

Lathraea japonica Miq.
멸종위기종

숲 속에 자라는 기생식물이다. 엽록소가 없
으므로 전체가 흰색을 띤다. 뿌리줄기는 짧
고, 비늘조각이 많이 붙어 있다. 꽃은 줄기 끝
에서 난 길이 5-13㎝의 총상꽃차례에 여러
개가 달리며, 분홍빛이 도는 흰색이다. 꽃자
루는 매우 짧다. 꽃받침은 종 모양이며, 끝이
4갈래로 톱니처럼 갈라진다. 꽃부리는 긴 통
모양이며, 길이 1.2-1.5㎝이고, 끝 부분은 입
술 모양이다. 수술은 4개다. 울릉도에서 너도
밤나무에 기생한다. 일본에도 분
포한다. 씨방의 특징이 며느리밥
풀속과 비슷해 현삼과에 넣기도
한다.

생육지	숲 속
식물형	여러해살이 기생식물
크 기	10-30㎝
개화기	4-5월
결실기	6-8월

암술머리

긴 통 모양
꽃부리

초종용

Orobanche coerulescens Stephan
멸종위기종

기생식물이다. 전체에 희고 부드러운 털이 있다. 뿌리줄기는 통통하고, 다육질의 수염뿌리가 사철쑥 뿌리에 붙는다. 잎은 드문드문 어긋나며, 비늘처럼 생겼고, 달걀 모양의 피침형으로 길이 1.0-1.5cm다. 꽃은 줄기 위쪽에 이삭꽃차례에 달리며, 연한 보라색이다. 꽃차례는 길이 10-15cm다. 꽃싸개잎은 둥근 삼각형이며, 길이 1.5-2.0cm다. 꽃받침은 2갈래다. 꽃부리는 통 모양으로 길이 1.8-2.5cm이며, 끝이 입술 모양이고, 윗입술은 2갈래, 아랫입술은 3갈래로 갈라진다. 수술은 2개이며, 길다. 암술은 1개이며, 암술대에 털이 거의 없다.

통 모양
꽃부리

생육지	바닷가 모래땅
식물형	한해 또는 두해살이 기생식물
크 기	10-40cm
개화기	5-7월
결실기	6-8월

백양더부살이

Orobanche filicicola Nakai
ex J. O. Hyun, H. C. Shin et Y. S. Im

멸종위기종

전라북도 정읍, 전라남도 백암산·강진, 제주
도에 드물게 자라는 한국 특산식물이다. 줄기
는 모여나며, 샘털이 많다. 잎은 비늘잎이며
끝이 뾰족하다. 꽃은 줄기 끝 이삭꽃차례에
10-30개씩 피며, 푸른 보라색이고, 길이 1.3-
2.2㎝다. 꽃차례는 길이 6-17㎝로서 줄기의
나머지 부분보다 길다. 꽃싸개잎은
1장이며, 선상 피침형으로 길이
1.0-1.6㎝다. 꽃부리는 입술 모양
이며, 윗입술은 푸른 보라색,
아랫입술은 흰색이다. 수술
은 4개이며 암술머리는
2갈래다.

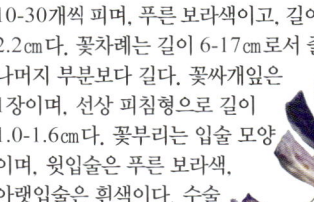

암술머리

윗입술

꽃부리

아랫입술

꽃받침

생육지	계곡 근처
식물형	한해 또는 두해살이 기생식물
크 기	10-30㎝
개화기	5-6월
결실기	6-8월

주걱댕강나무

Abelia spathulata Siebold et Zucc.
멸종위기종

일본 특산식물로 알려져 오다 2004년 경상남
도 천성산 일대에서 발견되었다. 일본에서는
혼슈에 널리 분포하며, 규슈와 시코쿠의 일부
지역에도 분포한다. 숲 속에 드물게 자란다.
잎은 마주나며 가장자리에 둔한 톱니가 있다.
꽃은 보통 2개씩 피며, 흰빛이 도는 노란색이
고, 길이 2-3㎝다. 꽃자루는 없다. 꽃받침은
크기가 같은 5갈래로 갈라진다. 꽃부리는 깔
때기 모양이다. 수형이 좋고 꽃이 아름다워 관
상가치가 높다.

생육지	숲 속
식물형	낙엽 떨기나무
크 기	1-2m
개화기	5월
결실기	8-10월

꽃받침

깔때기 모양
꽃부리

암술머리

댕댕이나무

Lonicera caerulea L. var. *edulis* Turcz. ex Heder

강원도 계방산, 설악산, 점봉산, 제주도 한라산 및 북부지방의 높은 산 능선에 드물게 자란다. 줄기는 가지가 많이 갈라지며, 줄기의 속은 흰색이고 꽉 찬다. 잎은 마주나며 가장자리는 밋밋하고, 털이 난다. 잎자루는 길이 1-6㎜다. 꽃은 잎겨드랑이에서 난 길이 0.2-1.0㎝의 꽃자루 끝에 2개씩 달리며, 노란 빛이 도는 흰색이다. 꽃부리는 긴 종 모양으로 길이 1.2-1.5㎝이며, 끝이 같은 크기로 5갈래로 갈라진다. 열매는 장과이며 검게 익는다.

열매

긴 종 모양 꽃부리

생육지	높은 산의 능선
식물형	낙엽 떨기나무
크 기	50-150㎝
개화기	5-6월
결실기	6-9월

암술머리

수술

암술

인동덩굴

Lonicera japonica Thunb. ex Murray

북부지방을 제외한 전국의 산과 들에 흔하게 자라는 덩굴나무다. 줄기는 오른쪽으로 감겨 올라가며, 속이 비어 있다. 잎은 마주나며 가장자리가 밋밋하다. 잎자루에 털이 난다. 꽃은 봄부터 가을까지 피며, 잎겨드랑이에 1-2개씩 달리고, 처음은 흰색이지만 나중에 노란색으로 변한다. 꽃부리는 입술 모양이며, 길이 3-4cm다. 수술은 5개이고, 암술은 1개다. 열매는 장과이며 검게 익는다. 줄기는 망태기 등을 만드는 데 쓰고, 잎과 꽃은 한약재로 쓴다.

꽃부리

암술

암술머리

수술

생육지	산기슭 숲 가장자리
식물형	낙엽 덩굴나무
크 기	3-5m
개화기	5-8월
결실기	8-10월

딱총나무

Sambucus sieboldiana (Miq.) Blume
var. *miquelii* (Nakai) H. Hara

새가지는 녹색이고, 지난해 가지는 회갈색이다. 오래된 줄기에는 코르크가 발달한다. 골속은 누런 갈색이다. 잎은 마주나며, 작은잎 5-9장으로 된 깃꼴겹잎이다. 잎 앞면은 잎줄 위에 털이 나고, 뒷면은 전체에 털이 있다. 꽃은 가지 끝 원추꽃차례에 피며, 노란빛이 도는 녹색이다. 꽃부리는 5갈래로 깊게 갈라진다. 수술은 5개이고, 암술은 1개다. 열매는 핵과이며, 붉게 익는다. 제주도에 자라는 기본종인 덧나무는 잎에 털이 없고, 꽃차례에는 혹 모양의 털이 없으므로 다르다.

꽃

열매

생육지	숲 속
식물형	낙엽 떨기나무
크 기	4-6m
개화기	4-5월
결실기	7-8월

분꽃나무

Viburnum carlesii Hemsl.

어린 가지에 별 모양 털이 많다. 잎은 마주나
며, 넓은 달걀 모양 또는 원형으로 가장자리
에 톱니가 있다. 잎 양면에 별 모양 털이 난다.
꽃은 지난해 가지 끝에서 난 지름 3-5㎝의 취
산꽃차례에 달리며, 흰색 또는 연한 분홍색이
고, 분 냄새 같은 향기가 강하게 난다. 꽃부리
는 통 모양이며, 끝이 5갈래로 갈라지는데
통 부분이 갈래보다 길다. 수술은 5개
이며, 꽃부리 속에 들어 있다. 열매는
붉은색이지만 완전히 익으면 검은색
이다. 석회암 지대에서 특히 잘자란다.

생육지	산기슭 양지 숲 속
식물형	낙엽 떨기나무
크 기	1-2m
개화기	4-5월
결실기	7-9월

열매

통 모양 꽃부리

백당나무

Viburnum opulus L.
var. *calvescens* (Rehder) H. Hara

줄기는 껍질에 코르크가 발달하며, 골속은 희
다. 어린 가지는 붉은빛이 도는 녹색이며, 털
이 없다. 잎은 마주나며 가장자리에 톱니가 있
다. 꽃은 새가지 끝에서 난 길이 2-6cm의 꽃
대 끝에 산방꽃차례로 피며, 흰색이다. 꽃차
례 가장자리에 지름 2-3cm의 중성꽃이 달린
다. 수술은 5개이며, 꽃부리보다 길
다. 열매는 핵과이며, 둥글고 붉게 익
는다. 배암나무는 보통 고산지대에 자
라며, 꽃차례 가장자리에 크기가 다
른 중성꽃이 달리지 않으므로 다르다.

생육지 숲 속
식물형 낙엽 떨기나무
크 기 3-6m
개화기 5-6월
결실기 8-10월

양성꽃

열매

중성꽃

붉은병꽃나무

Weigela florida (Bunge) A. DC.

어린 가지에는 모서리처럼 된 줄이 있다. 잎은 마주나며 가장자리에 톱니가 있다. 잎 뒷면은 가운데 잎줄 위에 구부러진 흰 털이 많다. 꽃은 잎겨드랑이에서 1개씩 달려 전체가 취산꽃차례를 이루며, 붉은색이다. 꽃받침은 중앙까지 5갈래로 갈라진다. 꽃부리는 병 모양이며, 길이 2-4cm이고, 끝이 5갈래로 갈라진다. 열매는 삭과이며, 길이 2-4cm, 털이 없다. 세계적으로 일본, 중국에도 자란다. 병꽃나무에 비해서 꽃받침은 가운데까지만 갈라지므로 구분된다.

중간까지 갈라진 꽃받침

병 모양 꽃부리

생육지	숲 속, 숲 가장자리
식물형	낙엽 떨기나무
크 기	1.5-2.0m
개화기	4-6월
결실기	8-10월

병꽃나무

Weigela subsessilis (Nakai) L. H. Bailey

남부지방을 제외한 평안남도 이남에 자라는 한국 특산식물이다. 어린 가지는 전체에 털이 있다. 잎은 마주나며 가장자리에 잔 톱니가 있다. 꽃은 잎겨드랑이에서 2-4개씩 달리며, 노란빛이 도는 녹색으로 피어 점점 붉게 변한다. 꽃받침은 끝까지 완전히 5갈래로 갈라지며, 갈래의 겉에 털이 많다. 꽃부리는 병 모양이며, 길이 2.5-4.5cm다. 암술대는 꽃부리 밖으로 조금 나온다. 꽃받침이 끝까지 5갈래로 갈라지므로 우리나라에 자생하는 병꽃나무속의 다른 식물들과 구분된다.

병 모양 꽃부리

암술머리

생육지	숲 속
식물형	낙엽 떨기나무
크 기	1.5-2.0m
개화기	4-5월
결실기	8-10월

줄댕강나무

Zabelia tyaihyoni (T. H. Chung ex Nakai)
Hisauti et H. Hara 멸종위기종

영월, 단양, 음성, 제천, 평안남도에 드물게
자라는 한국 특산식물이다. 줄기는 겉에 6개
의 골이 있다. 잎은 마주나며 가장자리는 보통
밋밋하지만, 어린 가지에서는 크게 갈라지기
도 한다. 꽃은 새가지의 잎겨드랑이에 취산꽃
차례로 피며, 바깥쪽은 연한 붉은색이고 안쪽
은 흰색이다. 꽃받침은 5갈래로 갈라지며, 갈
래는 타원형이다. 꽃부리는 깔때기 모양이며,
길이 1.5cm쯤이다. 생육환경이 나쁘면 줄기가
땅 위를 기고 꽃이 작지만,
환경이 좋으면 키가
3미터까지 자라며
땅 위를 기지도
않는다. 댕강나무는
이 종과 같은
것이다.

깔때기 모양
꽃부리

꽃받침

생육지	산기슭
식물형	낙엽 떨기나무
크 기	1-3m
개화기	5-6월
결실기	8-10월

연복초

Adoxa moschatellina (Tourn.) L.

습기가 있는 곳에 비교적 드물게 자란다. 기
는줄기가 옆으로 뻗는다. 뿌리에서 난 잎은
잎자루가 길고, 1-3회 갈라지며,
줄기와 높이가 비슷하다. 줄기에
난 잎은 1쌍이며, 3갈래로 갈라
진다. 꽃은 5개쯤이 꽃자루
없이 모여서 머리모양꽃차례
처럼 달리며, 노란빛이 조금
도는 녹색이다. 꽃차례의 맨
끝에 위를 향해 달리는 꽃은 꽃부리가
4갈래로 갈라지고, 수술이 8개다.
꽃차례 옆에 달린 꽃들은 꽃부리가
5갈래로 갈라지며, 수술이 10개다.
북반구에 자라는 단지 몇몇 종만
으로 이루어진

4갈래
꽃부리

수술

5갈래
꽃부리

머리모양꽃

생육지	습기 많은 숲 속
식물형	여러해살이풀
크 기	8-17㎝
개화기	4-5월
결실기	5-7월

쥐오줌풀

Valeriana fauriei Briq.

뿌리에서 독특한 냄새가 난다. 땅속줄기가 있다. 줄기는 곧추선다. 뿌리에서 난 잎은 꽃이 필 때 시든다. 줄기에 난 잎은 마주나며, 아래쪽 것은 잎자루가 긴 깃꼴겹잎으로 갈래는 달걀 모양 또는 선상 피침형이고, 가장자리에 둔한 톱니가 드문드문 있다. 꽃은 줄기 끝의 산방상 원추꽃차례에 많이 달리며, 연한 분홍색 또는 흰색이고, 지름 3-4㎜다. 꽃차례는 지름 5-7㎝이며, 샘털이 없다. 꽃싸개는 선형이다. 꽃부리는 통 모양이며, 길이 4-5㎜이고, 5갈래로 갈라진다. 새순은 나물로 먹는다.

산방상 원추꽃차례

생육지	숲 속, 숲 가장자리
식물형	여러해살이풀
크 기	40-80㎝
개화기	4-7월
결실기	5-9월

초롱꽃

Campanula punctata Lam.

전체에 거친 털이 많다. 줄기는 곧추선다. 뿌
리에서 난 잎은 달걀 모양의 심장형으로 잎자
루가 길다. 줄기에 난 잎은 어긋나며, 아래쪽
것에는 날개가 있는 잎자루가 있으나 위의 것
은 잎자루가 없고, 가장자리에 불규칙하고
큰 톱니가 있다. 꽃은 줄기와 가지 끝에서 몇
개가 밑을 향해 달리며, 흰색이다. 꽃받침은
5갈래로 갈라지며, 갈래 사이에 뒤로 구부
러진 부속체가 있다. 꽃부리는 종 모양으로
길이 4-5cm이며, 끝이 5갈래로 얕게 갈라지
고, 안쪽에 붉은 보라색 점이 있다. 수술은
5개, 암술은 1개이며, 암술머리는
보통 3갈래다.

꽃받침

자주색 꽃

종 모양
꽃부리

생육지 숲 속, 숲 가장자리
식물형 여러해살이풀
크 기 30-100cm
개화기 5-7월
결실기 6-9월

지느러미엉겅퀴

Carduus crispus L.

들판에 흔하게 자라는 귀화식물이다. 줄기는 곧추서며, 속이 비어 있다. 줄기 겉에 세로로 난 능선은 날개처럼 되며, 단단한 가시가 있다. 뿌리에서 난 잎은 꽃이 피기 전에 마른다. 줄기에 난 잎은 어긋나 가장자리가 고르지 않게 갈라지고, 굳은 가시가 있다. 꽃은 가지 끝 머리모양꽃차례에 피며, 진한 보라색이다. 머리모양꽃은 관모양꽃으로만 이루어지며, 지름 1.5-3.0cm다. 모인꽃싸개잎은 종 모양이며, 7-8줄로 배열되고, 끝에 가시가 있다. 수술은 5개이고, 암술은 1개다.

모인꽃싸개

꽃봉오리

모인꽃싸개

날개처럼 된
줄기의 능선

생육지	들판
식물형	두해살이풀
크 기	70-120cm
개화기	5-8월
결실기	5-9월

좀씀바귀

Ixeris stolonifera A. Gray

줄기는 연약하며, 가지가 갈라지면서 땅 위를 기고, 마디에서 수염뿌리가 내린다. 잎은 뿌리에서 모여나거나 줄기에 어긋나며 가장자리에 톱니가 거의 없다. 꽃은 뿌리에서 난 길이 8-15㎝의 꽃줄기에 머리모양꽃이 1-3개씩 달리며, 노란색이다. 머리모양꽃은 지름 2.0-2.5㎝다. 꽃줄기는 끝에서 가지가 조금 갈라진다. 모인꽃싸개는 길이 8-10㎜이며, 안쪽 모인꽃싸개 조각은 9-10개다. 열매는 수과이며, 좁은 방추형으로 길이 3㎜쯤이고, 긴 부리모양의 돌기가 있다. 우산털은 길이 5㎜쯤이며, 흰색이다.

생육지	산기슭
	숲 가장자리
식물형	여러해살이풀
크 기	**10-15㎝**
개화기	**5-6월**
결실기	**5-7월**

암술머리

꽃밥

꽃부리

혀모양꽃으로만 이루어진 머리모양꽃차례

머위

Petasites japonicus (Siebold et Zucc.) Maxim.

마을 근처 습기가 많은 곳에 자란다. 꽃줄기는 곧추서며, 잎 모양의 꽃싸개가 어긋나게 달리는데 길이 7-8㎝, 폭 1-2㎝다. 잎은 땅속줄기에서 몇 장이 나며, 신장상 원형으로 가장자리에 불규칙한 톱니가 있다. 꽃은 암수딴포기로 피며, 많은 머리모양꽃이 산방꽃차례에 달린다. 모인꽃싸개는 길이 6㎜이며, 2줄로 배열된다. 암꽃은 흰색이며, 끝이 입술 모양으로 얕게 갈라지고, 암술은 꽃부리 밖으로 길게 나온다. 수꽃은 연한 흰색이며, 끝이 5갈래로 얕게 갈라진다. 잎자루는 나물로 먹는다.

수꽃 수백 개가
모인 꽃차례

생육지	마을 근처 습지
식물형	여러해살이풀
크 기	5-50㎝
개화기	3-4월
결실기	4-7월

뻐꾹채

Rhaponticum uniflorum (L.) DC.

건조한 곳에 자란다. 전체에 흰 솜털이 빽빽
하게 덮인다. 뿌리줄기는 밑으로 곧게 뻗으
며, 지름 1㎝ 이상이다. 줄기는 곧추선다. 잎
은 깃 모양으로 깊게 갈라지는 홑잎이며, 갈
래가 6-8쌍이다. 꽃은 줄기 끝에 머리모양꽃
차례에 달리며, 붉은보라색이다. 머리모양꽃
은 지름 6-9㎝다. 모인꽃싸개
조각은 6줄로 배열한다.
꽃은 모두 관모양꽃이며,
관모양꽃은 길이 2-3㎝다.
꽃부리는 끝이 5갈래로 갈라
진다. 수술은 5개이고,
암술은 1개다. 열매는
수과다.

여러 개의
관모양꽃

모인꽃싸개

생육지	산과 들의 건조한 곳
식물형	여러해살이풀
크 기	30-70㎝
개화기	5-6월
결실기	6-8월

흰민들레

Taraxacum coreanum Nakai

줄기는 없다. 잎은 뿌리에서 모여 나며 가장자리는 5-6쌍의 갈래로 깊게 갈라지고, 톱니가 있다. 잎 양면에 털이 난다. 꽃은 꽃줄기 끝 머리모양꽃차례에 달리며, 흰색이다. 꽃줄기는 꽃이 진 후에 잎보다 훨씬 길어진다. 머리모양꽃은 지름 3-4cm다. 모인꽃싸개는 종 모양이며, 길이 1.5-2.0cm다. 모인꽃싸개의 바깥쪽 조각은 위쪽이 뒤로 젖혀지며, 겉에 뿔 같은 돌기가 있다. 만주, 우수리에 도 분포한다. 어린잎은 나물로 먹을 수 있다.

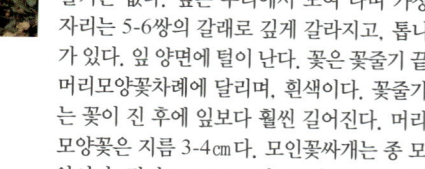

모인꽃싸개

꽃이 진 뒤의 모습

생육지	양지바른 들판
식물형	여러해살이풀
크 기	10-30cm
개화기	3-5월
결실기	4-6월

암술머리

꽃부리

꽃부리

민들레

Taraxacum mongolicum Hand.-Mazz.

잎은 뿌리에서 나와 옆으로 퍼지며 가장자리
에 톱니가 있다. 꽃은 꽃줄기 끝의 머리모양
꽃차례에 피며, 노란색이다. 머리모양꽃은 지
름 3.5-4.5㎝다. 모인꽃싸개는 길이 1.7-2.0
㎝이며, 바깥쪽 조각은 달걀 모양의 긴 타원
형으로 겉에 뿔 같은 작은 돌기가 있고, 안쪽
조각은 선상 피침형이다. 산민들레에 비해서
모인꽃싸개의 바깥쪽 조각은 안쪽 조각에서
떨어져 조금 벌어지며, 바깥쪽 조각의 끝에
삼각형 돌기가 있으므로
구분된다.

생육지	양지바른 들판
식물형	여러해살이풀
크 기	20-30㎝
개화기	3-5월
결실기	4-6월

모인꽃싸개

꽃이 진 뒤의 모습

암술머리

꽃부리

허모양꽃 100여 개가
모인 **머리모양꽃차례**

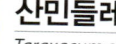

산민들레

Taraxacum ohwianum Kitam.

잎은 뿌리에서 모여 나며 깃꼴로 갈라진다. 잎 양면에 털이 난다. 꽃은 길이 10-30㎝의 꽃줄기 끝에 머리모양꽃차례로 피며, 노란색이다. 머리모양꽃은 지름 2-3㎝이며, 혀모양꽃으로만 이루어진다. 모인꽃싸개는 길이 1.5-2.0㎝다. 모인꽃싸개의 바깥쪽 조각은 달걀모양 또는 긴 타원형이며, 밖으로 벌어지지 않고 붙어 있다. 민들레에 비해서 모인꽃싸개의 바깥쪽 조각이 안쪽 조각에 붙어서 벌어지지 않고, 안쪽 조각은 바깥쪽 조각보다 2배 이상 길므로 구분된다.

암술머리

모인꽃싸개

꽃이 진 뒤의 모습

혀모양꽃 100여 개가
모인 **머리모양꽃차례**

생육지	숲 가장자리, 계곡 주변
식물형	여러해살이풀
크 기	**10-35㎝**
개화기	**4-6월**
결실기	**4-6월**

달래

Allium monanthum Maxim.

비늘줄기는 달걀 모양이며, 지름 1㎝쯤이다.
잎은 1-2장이며, 선형이고. 자른 면은 초승달
모양, 속이 차 있다. 꽃은 암수딴포기로 피며,
꽃줄기 끝에 1-2개씩 달리고, 붉은빛이 도는
흰색, 매우 작다. 꽃줄기는 곧추서며, 높이 5-
12㎝이다. 화피는 6장이며, 긴 타원형으로 길
이 4-5㎜다. 수술은 6개이며, 암술대는 짧고
끝이 3갈래로 갈라진다.
열매는 삭과이며, 둥근
모양이다. 우리가 달래라고
부르며 먹는 산달래에 비해서
전체가 매우 작으며, 꽃은
둥근 산형꽃차례를 이루지
않으므로 구분된다.

화피

생육지	산과 들의 양지
식물형	여러해살이풀
크 기	5-12㎝
개화기	3-5월
결실기	4-6월

나도옥잠화

Clintonia udensis Trautv. et C. A. Mey.

땅속줄기는 짧고, 수염뿌리가 있다. 잎은 뿌리에서 2-5장이 모여 나며, 연하고, 둥글고 긴 타원형으로 끝은 뾰족하고, 가장자리는 밋밋하다. 꽃줄기는 높이 10-20㎝지만 열매가 익을 때는 70㎝에 이르며, 털이 있고, 드물게 가지가 갈라진다. 꽃은 꽃줄기 위쪽에 총상꽃차례를 이루어 달리며, 흰색이고, 지름 1.2-1.5㎝다. 꽃차례에 넓은 선형의 꽃싸개가 있으나 일찍 떨어진다. 화피는 6장이며, 긴 타원형이다. 수술은 6개이고, 암술은 1개다.

수술

암술머리

화피

생육지	높은 산의 숲 속
식물형	여러해살이풀
크 기	20-30㎝
개화기	5-7월
결실기	7-9월

은방울꽃

Convallaria majalis L.

숲 속이나 풀밭에 무리 지어 자란다. 땅속줄기는 옆으로 뻗고, 수염뿌리가 많다. 잎은 2-3장이 아래쪽에서 나며, 긴 타원형 또는 넓은 타원형으로 끝이 뾰족하다. 잎 앞면은 짙은 녹색이며, 뒷면은 흰빛이 도는 녹색이다. 꽃은 높이 25-35㎝의 꽃줄기 위쪽에 10여 개가 총상꽃차례를 이루어 달리며, 지름 5㎜쯤이고, 흰색이다. 꽃줄기는 조금 구부러진다. 꽃차례의 꽃싸개는 선형이다. 꽃부리는 넓은 종 모양이며, 끝이 6갈래로 갈라지는데 조금 뒤로 말린다. 수술은 6개이며, 꽃부리 밑부분에 붙는다.

넓은 종 모양
꽃부리

잎

생육지	숲 속
식물형	여러해살이풀
크 기	20-40㎝
개화기	4-6월
결실기	7-9월

애기나리

Disporum smilacinum A. Gray

줄기는 비스듬히 서며, 드물게 가지가 갈라진다. 잎은 어긋나며 끝이 날카롭게 뾰족하다. 꽃은 줄기 끝에서 1-2개씩 밑을 향해 피며, 흰색이다. 꽃자루는 길이 1.0-1.5㎝다. 화피는 피침형으로 길이 11-13㎜, 폭 2-4㎜다. 수술은 길이 7-9㎜다. 수술대는 5-6㎜이며, 꽃밥은 2-3㎜다. 씨방은 달걀 모양으로 길이 2-3㎜다. 암술대는 길이 5-7㎜다. 열매는 장과이며, 검게 익는다. 큰애기나리는 화피가 녹색이 도는 흰색으로 수술보다 3배쯤 길며, 씨방이 둥글고 암술대와 길이가 거의 같거나 조금 짧아 구분된다.

생육지	숲 속
식물형	여러해살이풀
크 기	15-35㎝
개화기	5-6월
결실기	7-9월

암술

6장의 화피

수술

윤판나물

Disporum uniflorum Baker ex S. Moore

땅속줄기는 짧다. 줄기는 곧추서며, 위쪽에서 가지가 갈라진다. 잎은 어긋나며 끝이 뾰족하다. 잎 가장자리에 톱니가 없다. 꽃은 가지 끝에서 2-3개씩 밑을 향해 달리며, 노란색이고, 길이 2.0-2.5㎝다. 화피는 6장이며, 주걱 모양이고, 모여서 통 모양을 이룬다. 수술은 6개이고, 암술은 1개다. 열매는 장과이며, 지름 1㎝쯤이고, 검게 익는다. 윤판나물아재비는 제주도, 관매도, 울릉도에 자라며, 꽃은 녹색빛이 도는 흰색이므로 구분된다.

열매

화피

생육지	숲 속
식물형	여러해살이풀
크 기	30-50㎝
개화기	4-5월
결실기	7-9월

얼레지

Erythronium japonicum Dence.

뿌리줄기는 20㎝쯤으로 길며, 그 밑에 비늘
줄기가 달린다. 잎은 꽃줄기 밑에 보통 2장이
달리며, 긴 타원형 또는 좁은 달걀 모양으로
가장자리가 밋밋하다. 잎 앞면에 자주색 반점
이 보통 있지만 없는 경우도 있다. 꽃은 높이
15㎝쯤 되는 꽃줄기 끝에 1개씩 피며, 밑을
향하고, 붉은보라색이다. 화피는 6장이며,
길이 5-6㎝, 폭 0.5-1.0㎝, 끝이 뒤
로 말리고, 안쪽 밑 부분에 W자 모양
의 자주색 무늬가
있다. 수술은 6개
이며, 꽃밥은
자주색이다.

화피

수술

암술

꽃봉오리

열매

생육지 **숲 속**
식물형 **여러해살이풀**
크 기 **10-20㎝**
개화기 **4-5월**
결실기 **4-6월**

중의무릇

Gagea nakaiana Kitag.

비늘줄기는 둥글고, 지름 5-10㎜이며, 밑에
작은 비늘줄기는 없다. 잎은 밑에서 1장이 나
며 털이 없다. 꽃은 줄기 끝에서 3-5개가 산
형으로 피며, 노란색이다. 꽃싸개잎은 피침
형이며, 꽃차례만큼 길고, 폭 4-6㎜다. 꽃자
루는 서로 길이가 다르고, 털이 없다. 화피는
좁은 피침형으로 길이
9-12㎜다. 애기중의무릇
은 강원도 이북에 자라며,
비늘줄기의
아래쪽에 작은
비늘줄기가 몇 개
모여 달리고,
잎은 폭이 3㎜
이하이므로 구분된다.

암술

6개의
수술

6장의
화피

꽃싸개잎

생육지	숲 속
식물형	여러해살이풀
크 기	15-20㎝
개화기	3-5월
결실기	5-7월

처녀치마

Heloniopsis orientalis (Thunb.) Tanaka

땅속줄기는 짧고, 수염뿌리가 많다. 잎은 뿌리에서 10여 장이 모여나며, 땅 위에 방석처럼 퍼지고 잎몸은 끝이 뾰족하며, 털이 없고, 겨울에 남아 있다. 꽃줄기는 잎 가운데서 나와 곧추서며, 꽃이 필 때는 높이 10-17㎝이지만 꽃이 진 다음 더 자라 30-40㎝에 이른다. 꽃은 꽃자루가 짧은 총상꽃차례에 10여 개가 달리며, 처음에는 연한 붉은색이나 점차 진한 보라색으로 변한다. 수술은 6개이며, 화피보다 길다. 암술대는 수술보다 길며, 암술머리에 3개의 돌기가 있다.

생육지	계곡 주변 능선
식물형	여러해살이풀
크 기	30-40㎝
개화기	4-5월
결실기	4-6월

화피

수술

암술

꽃봉오리

나도개감채

Lloydia triflora (Ledeb.) Baker

줄기는 곧추선다. 비늘줄기는 지름 6mm쯤이다. 뿌리에서 난 잎은 1장이며 줄기에 난 잎은 1-4장이다. 꽃은 줄기 끝에서 1-4개씩 피며, 흰색이다. 화피는 녹색 줄이 있고, 선형 또는 피침형으로 길이 10-12mm, 폭 2mm쯤이다. 수술은 화피 길이의 절반쯤이다. 열매는 삭과이며, 달걀 모양이고, 3갈래로 각이 진다. 북부지방에 분포하는 개감채는 꽃이 줄기 끝에 1개씩 달리며, 화피에 보통 보라색 줄이 있으므로 구분된다.

6장의 화피

수술

암술

생육지 **숲 속**
식물형 **여러해살이풀**
크 기 **15-30cm**
개화기 **4-5월**
결실기 **5-7월**

두루미꽃

Maianthemum bifolium (L.) F. W. Schmidt

뿌리줄기는 옆으로 길게 뻗고, 흰색이다. 줄기는 곧추선다. 잎은 어긋나며, 줄기 가운데 부분에 2-3장이 달리고 끝은 뾰족하며, 가장자리와 뒷면 잎줄 위에 털 같은 짧은 돌기가 있다. 꽃은 20여 개가 줄기 끝 총상꽃차례에 달리며, 작고, 흰색이다. 꽃차례는 길이 2-3cm이며, 겉에 털 같은 돌기가 난다. 꽃자루는 길이 3-8mm다. 화피는 4장이며, 끝이 뒤로 말린다. 수술은 4개다. 암술머리는 얕게 3갈래로 갈라진다. 열매는 둥근 장과이며 붉게 익는다.

총상꽃차례

수술

생육지	높은 산의 숲 속
식물형	여러해살이풀
크 기	8-15cm
개화기	5-6월
결실기	8-10월

큰두루미꽃

Maianthemum dilatatum (Wood) A. Nelson
et J. F. Macbr.

멸종위기종

지리산, 소백산, 울릉도 및 설악산, 오대산 등 강원도 높은 산을 거쳐 북부지방에 분포한다. 뿌리줄기는 가늘고, 길게 옆으로 뻗으며, 흰색이다. 줄기는 곧추서며, 털이 없다. 잎은 어긋나며, 줄기에 2-3장이 달리고 가장자리에 반원형의 돌기가 있다. 잎 양면에 털이 없다. 꽃은 10여 개가 줄기 끝 총상꽃차례에 달리며, 작고, 흰색이다. 꽃자루는 길이 3-7mm다. 화피는 4장이며, 뒤로 젖혀진다. 수술은 4개이며, 화피보다 짧다. 암술머리는 얕게 3갈래로 갈라진다. 열매는 장과이며, 둥글고 붉게 익는다.

수술

4장의
화피

열매

생육지   높은 산
식물형   여러해살이풀
크 기   15-30cm
개화기   5-6월
결실기   8-10월

총상꽃차례

삿갓나물

Paris verticillata M. Bieb.

뿌리줄기는 옆으로 길게 뻗는다. 줄기는 곧추
선다. 잎은 줄기 끝에 6-8장이 돌려나며, 피
침형으로 끝이 뾰족하다. 잎 가장자리는 밋밋
하다. 꽃은 잎 가운데서 난 길이 5-15㎝의 꽃
자루 끝에 1개씩 위를 향해 달리며, 노란빛이
나는 녹색이다. 바깥 화피는 4장이며, 꽃받침
이나 꽃잎처럼 보이고 녹색이다. 안쪽 화피는
4장이며, 노란색, 실처럼 가늘고 나중에 밑
으로 처진다. 수술은 보통 8개이며, 안쪽
화피보다 조금 길다. 꽃밥은 수술대
의 중앙에 붙으며, 선형으로 길이
5-8㎜다. 암술대는
4개다.

수술

4장의
안쪽 화피

4장의
바깥 화피

생육지 **숲 속**
식물형 **여러해살이풀**
크 기 **20-40㎝**
개화기 **4-6월**
결실기 **5-8월**

각시둥굴레

Polygonatum humile Fisch. ex Maxim.

뿌리줄기는 가늘고, 옆으로 길게 뻗는다. 줄기는 곧추서며, 겉에 능선이 있다. 잎은 어긋나며, 2줄로 배열되고 가장자리와 뒷면 잎줄 위에 돌기 같은 털이 난다. 꽃은 잎겨드랑이에 1개씩 아래를 향해 피며, 연둣빛을 띤 흰색이고, 길이 1.5-1.8cm다. 꽃자루는 길이 7-15mm다. 꽃부리는 종 모양이며, 끝이 6갈래로 갈라진다. 수술은 6개이며, 수술대에 잔 돌기가 조금 있고, 꽃밥은 수술대보다 조금 짧다. 둥굴레에 비해서 줄기가 똑바로 서서 자라며, 키가 작으므로 구분된다.

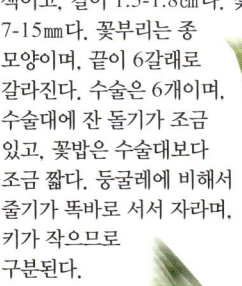

종 모양
꽃부리

생육지	산기슭, 숲 가장자리
식물형	여러해살이풀
크 기	15-30cm
개화기	5-6월
결실기	7-8월

용둥굴레

Polygonatum involucratum (Franch. et Sav.) Maxim.

뿌리줄기는 가늘고 길며, 마디 사이가 길다. 줄기는 비스듬히 서며, 위쪽에 능선이 있다. 잎은 4-7장이 어긋나며 끝이 뾰족하다. 꽃은 잎겨드랑이에서 난 길이 1-2㎝의 꽃대에 2개씩 피며, 녹색을 띤 흰색이다. 꽃싸개잎은 2장이며, 달걀 모양으로 길이 1.5-3.0㎝, 폭 1.0-2.5㎝다. 꽃부리는 종 모양이며, 길이 2.0-2.5㎝다. 퉁둥굴레에 비해서 꽃싸개잎은 훨씬 크고, 막질이 아니고 작은잎 같으며, 달걀 모양으로서 보다 둥글므로 구분된다.

2장의 큰 꽃싸개잎

꽃부리

생육지	숲 속
식물형	여러해살이풀
크 기	20-40㎝
개화기	5-6월
결실기	8-10월

둥굴레

Polygonatum odoratum (Mill.) Druce
var. *pluriflorum* (Miq.) Ohwi

뿌리줄기는 길게 옆으로 뻗으며, 갈라지기도
하고 줄기는 위쪽이 조금 옆으로 기울어지며,
겉에 능선이 있다. 잎은 5-15장이 2줄로 어긋
나며 앞면은 녹색이고, 뒷면은 흰빛이 돈다.
꽃은 잎겨드랑이에서 난 길이 1-3㎝의 꽃대
에 보통 2개씩 밑을 향해 달리며, 흰색이다.
꽃부리는 종 모양으로 길이 1.2-3.0㎝이며,
끝이 6갈래로 갈라진다. 수술은 6개이며, 꽃
밥은 수술대와 길이가 거의 같다. 울릉도에
분포하는 왕둥굴레에 비해서 줄기 겉에 능선
이 있으므로 구분된다.

생육지	숲 속
식물형	여러해살이풀
크 기	30-60㎝
개화기	5-6월
결실기	8-10월

꽃부리

열매

층층둥굴레

Polygonatum stenophyllum Maxim.
멸종위기종

경상북도 이북의 강가 모래땅에 매우 드물게 자란다. 뿌리줄기는 가늘고 길며, 흰색이다. 줄기는 곧추선다. 잎은 아래쪽에서는 어긋나지만 위로 가면서 4-6장이 층을 이뤄 돌려나며 끝이 뾰족하고, 둥글게 말리지 않는다. 꽃은 잎겨드랑이에서 난 여러 개의 꽃대에 2개씩 피며, 흰색이다. 꽃대는 길이 5mm쯤으로 매우 짧고, 꽃자루도 짧다. 꽃부리는 통 모양이며, 길이 7-8mm다. 남한에서 재배하는 갈고리층층둥굴레는 잎 끝이 둥글게 말리고, 꽃대는 길이 1.5-2.0cm로 길어서 구분된다.

짧은 꽃대

꽃부리

열매

생육지	강가 모래땅
식물형	여러해살이풀
크 기	**40-90cm**
개화기	**5-6월**
결실기	**8-10월**

자주솜대

Smilacina bicolor Nakai

고지대 숲 속에 매우 드물게 자라는 한국 특산식물이다. 전체에 털이 거의 없다. 뿌리줄기는 굵고, 옆으로 뻗는다. 줄기는 비스듬히 선다. 잎은 5-9장이 2줄로 어긋나며 잎 뒷면 잎줄 위에 잔 돌기가 조금 있다. 잎자루는 매우 짧다. 꽃은 줄기 끝에 총상꽃차례로 핀다. 꽃차례는 길이 4-5cm이며, 밑에서 가지가 갈라지기도 한다. 꽃자루는 길이 3-7mm다. 화피는 타원형으로 길이 2mm쯤이며, 꽃이 필 때는 노란빛이 도는 녹색이지만 나중에 붉은 갈색으로 변한다. 수술대 아래쪽은 넓고, 암술머리는 뭉툭하다. 씨방은 3실이다. 열매는 장과이며, 조금 각이 지고, 붉게 익는다.

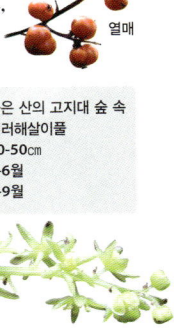

열매

6장의
화피

생육지	높은 산의 고지대 숲 속
식물형	여러해살이풀
크 기	30-50cm
개화기	5-6월
결실기	7-9월

풀솜대

Smilacina japonica A. Gray

땅속줄기는 통통하며, 옆으로 길게 뻗는다. 줄기는 곧추서거나 위쪽에서 비스듬하게 기울어지며, 위로 갈수록 털이 많다. 잎은 5-7장이 2줄로 어긋나며 끝이 뾰족하다. 잎 양면에 털이 난다. 잎자루가 있다. 꽃은 줄기 끝 겹총상꽃차례에 달리며, 작고, 흰색이다. 꽃차례에 털이 많다. 화피는 6장이며, 타원형으로 길이 5mm쯤이다. 수술은 6개이고, 암술은 1개다. 열매는 장과이며, 둥글고, 붉게 익는다. 자주솜대에 비해서 전체에 털이 많고, 꽃은 흰색, 봄에 피며, 꽃차례는 더욱 많이 갈라지므로 구분된다.

암술

수술

열매

6장의 화피

생육지	숲 속
식물형	여러해살이풀
크 기	20-40cm
개화기	4-6월
결실기	8-10월

선밀나물

Smilax nipponica Miq.

숲 속에 흔하게 자란다. 줄기는 곧추선다. 잎은 어긋나며, 타원형으로 끝이 뾰족하다. 잎 가장자리는 밋밋하다. 잎 뒷면은 연한 녹색이며, 그물 모양의 무늬가 있다. 잎자루 밑에 있는 2개의 턱잎은 덩굴손이 된다. 꽃은 암수딴그루로 피며, 줄기 아래쪽 잎겨드랑이에 난 꽃대 끝 산형꽃차례에 달리고, 녹색이다. 수꽃의 화피는 수평으로 퍼지며, 길이 4㎜쯤이고, 수술은 화피보다 짧다. 암꽃의 화피는 배모양이다. 열매는 장과이며, 둥근 모양, 검게 익고, 흰 가루로 덮인다.

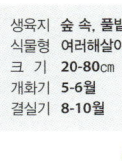

생육지	숲 속, 풀밭
식물형	여러해살이풀
크 기	20-80㎝
개화기	5-6월
결실기	8-10월

수술

6장의 화피

수꽃차례

금강애기나리

Streptopus ovalis (Ohwi) F. T. Wang
et Y. C. Tang

숲 속에 비교적 드물게 자라는 한국 특산식물이다. 줄기는 가지가 갈라지며, 위쪽이 비스듬히 선다. 잎은 어긋나며, 달걀 모양 또는 긴 타원형으로 가장자리에 잔 돌기가 있다. 꽃은 줄기 끝 잎겨드랑이에 보통 1-2개씩 피지만 4개가 피는 경우도 있으며, 흰빛이 도는 연한 노란색이다. 화피는 6장으로 끝이 매우 뾰족하며, 뒤로 젖혀지고, 보통 자주색 반점이 있다. 수술은 6개이며, 화피보다 짧다. 열매는 장과이며, 둥글고, 붉게 익는다. '진부애기나리'라고도 한다.

암술

열매

수술

6장의
화피

생육지	높은 산의 숲 속
식물형	여러해살이풀
크 기	10-30cm
개화기	5-6월
결실기	8-10월

연령초

Trillium kamtschaticum Pall. ex Pursh

숲 속에 비교적 드물게 자란다. 뿌리줄기는 굵고 짧다. 줄기는 곧추서며, 보통 2대가 모여난다. 잎은 3장이 줄기 끝에 돌려나며, 넓은 달걀 모양으로 끝이 뾰족하다. 잎 가장자리는 밋밋하다. 꽃은 돌려난 잎 가운데서 난 1개의 꽃자루 끝에 1개씩 피며, 흰색이고, 지름 3-5cm다. 꽃받침잎은 3장이며, 길이 2.5-4.0cm이고, 녹색이다. 꽃잎은 3장이며, 달걀 모양 또는 타원형으로 길이 2.5-4.0cm, 폭 1.0-1.5cm이고, 끝이 둔하다. 수술은 6개이며 암술대는 3갈래로 갈라진다.

생육지	높은 산의 숲 속
식물형	여러해살이풀
크 기	20-40cm
개화기	4-6월
결실기	8-10월

3장의 꽃받침

3장의 꽃잎

암술

6개의 수술

산자고

Tulipa edulis (Miq.) Baker

비늘줄기는 넓은 달걀 모양으로 길이 3-4㎝이며, 겉은 어두운 갈색이다. 잎은 줄기 아래쪽에 2장이 달리며 흰빛이 도는 녹색이다. 꽃싸개잎은 보통 2장이지만 드물게 3장이며, 길이 2-3㎝다. 꽃은 줄기 끝에서 1개씩 위를 향해 달리며, 넓은 종 모양이고, 흰색, 지름 4-6㎝다. 화피는 6장이며, 끝이 뾰족한 피침형으로 길이 2-3㎝이고, 겉에 짙은 자주색 줄이 있다. 수술은 6개다. 암술은 1개이며, 암술대는 길이 4-5㎜다. 열매는 삭과이며, 세모가 지고, 끝에 암술대가 남아 있다.

6개의
수술

암술

6장의
화피

생육지	산기슭, 숲 가장자리
식물형	여러해살이풀
크 기	15-30㎝
개화기	3-4월
결실기	7-9월

금붓꽃

Iris minutoaurea Makino

땅속줄기는 가늘며, 옆으로 길게 뻗는다. 줄기는 여러 대가 모여난다. 잎은 3-4장이며, 창 모양이고 꽃이 핀 다음 더 자란다. 꽃줄기에 달린 잎은 짧으며, 잎줄이 있다. 꽃은 꽃줄기 끝에서 1개씩 피며, 노란색이고, 지름 2.0-3.8cm다. 꽃줄기는 높이 10-13cm다. 꽃싸개는 2장이며, 바깥 화피는 주걱 모양으로 길이 2.0-2.7cm이며, 옆으로 퍼진다. 안쪽 화피는 길이 1.5-2.3cm이며, 곧추선다. 열매는 삭과이며, 둥글다. 중국 랴오닝성에도 분포한다. 매우 드문 노랑붓꽃은 꽃줄기에 꽃이 2개씩 피므로 구분된다.

생육지	산과 들의 양지
식물형	여러해살이풀
크 기	30-40cm
개화기	3-5월
결실기	3-5월

3장의 안쪽 화피

3개의 암술대

3장의 바깥 화피

노랑무늬붓꽃

Iris odaesanensis Y. N. Lee
멸종위기종

경상북도 이북의 높은 산 숲 속 또는 풀밭에 자라며, 북부지방을 거쳐 중국 길림성(지린성)까지 분포한다. 땅속줄기는 가늘다. 줄기는 곧추선다. 잎은 칼 모양으로 10-12개의 잎줄이 있다. 꽃은 꽃줄기에서 2개씩 피며, 노란색이고, 지름 3.5㎝쯤이다. 수술은 3개이며, 꽃밥은 분홍빛을 띤 녹색이다. 암술은 끝이 3갈래로 갈라지며, 혀 모양이다. 바깥 화피 안쪽에 노란색 줄무늬가 있어서 우리말 이름이 붙여졌다.

생육지	높은 산의 숲 속과 풀밭
식물형	여러해살이풀
크 기	20-40㎝
개화기	4-6월
결실기	5-8월

3장의 안쪽 화피

3장의 바깥 화피

3개의 암술대

각시붓꽃

Iris rossii Baker

산에 비교적 흔하게 자란다. 뿌리줄기와 수염뿌리가 발달한다. 줄기는 곧추서며, 모여난다. 잎은 칼 모양으로 끝이 매우 뾰족하다. 꽃은 5-15㎝의 꽃줄기 끝에 1개씩 피며, 보통 보라색이지만 드물게 흰색도 있고, 지름 3.5-4.0㎝다. 꽃싸개는 2-3장이며, 선형으로 길이 4-6㎝다. 바깥 화피는 3장이며, 좁은 달걀 모양이고, 중앙의 무늬는 변이가 심하다. 안쪽 화피는 3장이며, 주걱 모양이고, 비스듬히 선다. 암술대는 3갈래로 깊게 갈라진 후 갈래가 다시 2갈래로 갈라진다. 꽃밥은 노란색이다.

3개의 암술대

꽃봉오리

3장의 안쪽 화피

3장의 바깥 화피

생육지	숲 속
식물형	여러해살이풀
크 기	10-30㎝
개화기	4-5월
결실기	5-7월

넓은잎천남성

Arisaema amurense Maxim.

덩이줄기는 납작한 구형이다. 잎은 보통 1장이지만 드물게 2장이 나기도 하며, 작은잎 3장 또는 5장으로 된 겹잎이다. 꽃은 육수꽃차례로 피며, 꽃줄기가 잎자루보다 짧아서 잎보다 아래쪽에 있고, 녹색 또는 자주색이다. 꽃차례의 연장부는 곤봉 모양이다. 열매는 장과이며, 붉게 익는다. 천남성에 비해서 잎은 보통 5장씩 나며, 손바닥 모양이고, 작은잎은 3-5장이므로 구분된다.

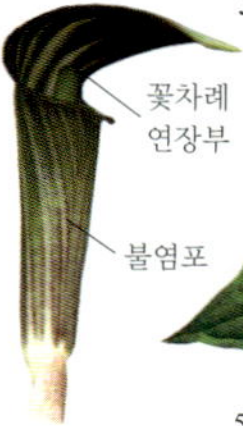

꽃차례
연장부

불염포

5장의 작은잎으로
된 겹잎

생육지	숲 속
식물형	여러해살이풀
크 기	20-40㎝
개화기	4-6월
결실기	8-10월

두루미천남성

Arisaema hetrophyllum Blume

덩이줄기는 둥근 모양이며, 주위에 몇 개의 작은 덩이줄기가 붙어 있고, 위쪽에서 수염뿌리가 난다. 잎은 줄기 위쪽에서 1장이 나며, 작은잎 11-20장으로 이루어진다. 꽃은 양성꽃으로 피거나 수포기가 따로 있으며, 육수꽃차례에 달린다. 꽃차례는 잎보다 높이 길게 나온다. 불염포는 녹색이며, 전체 길이가 15-26㎝이고, 끝이 갑자기 좁아진다. 꽃차례의 연장부는 채찍처럼 길게 자라서 불염포 밖으로 나와 곧추선다.

생육지 숲 속
식물형 여러해살이풀
크 기 40-60㎝
개화기 4-5월
결실기 8-10월

밖으로 길게 나온 꽃차례 연장부

불염포

천남성

Arisaema serratum (Thunb.) Schott

덩이줄기는 조금 납작한 구형이며, 지름 2-4
㎝이고, 주위에 작은 덩이줄기가 2-3개 달린
다. 줄기는 녹색이지만 때로 자주색 반점이
있다. 잎은 줄기에 2장이 달리며, 작은잎 7-
15장으로 이루어진다. 꽃은 육수꽃차례로
핀다. 불염포는 녹색 또는 어두운
자주색이며, 통부는 길이 5-
8㎝다. 불염포 위쪽은 통부
보다 길고, 모자처럼 앞으로
구부러지며, 긴 타원형이다.
꽃차례의 연장부는 곤봉 모양
이며, 불염포의 통부보다 길다.
열매는 장과이며, 붉게 익는다.

꽃차례
연장부

불염포

열매

생육지	숲 속
식물형	여러해살이풀
크 기	**30-90㎝**
개화기	**4-6월**
결실기	**8-10월**

앉은부채

Symplocarpus renifolius Schott ex Miq.

경기도와 충청도의 높은 산에 많다. 땅속줄기에서 긴 끈 모양의 수염뿌리가 난다. 줄기는 없다. 잎은 뿌리에서 여러 장이 나며 가장자리가 밋밋하다. 꽃은 잎보다 먼저 피며, 육수꽃차례를 이룬다. 꽃차례는 둥글다. 꽃차례의불염포는 주머니 모양이며, 길이 10-20㎝, 폭 5-10㎝이고, 붉은 갈색 반점이 있다. 꽃잎은 4장이며, 연한 보라색이다. 수술은 4개이며, 꽃밥이 노란색이다. 암술은 1개다. 열매는 장과이며, 여름에 익지만 잘 결실하지 않는다. 애기앉은부채는 꽃이 여름에 피고, 열매가 2년에 걸쳐 익으므로 구분된다.

수꽃

불염포

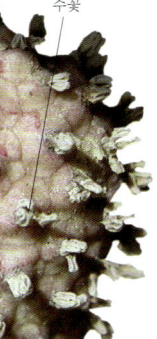

생육지	숲 속
식물형	여러해살이풀
크 기	10-20㎝
개화기	3-4월
결실기	6-8월

여러 개의
꽃이 모인 육수꽃차례

자란

Bletilla striata (Thunb.) Rchb. fil.
멸종위기종

전라남도 해안과 섬의 낮은 산 풀밭에 드물게 자란다. 잎은 아래쪽에서 5-6장이 어긋나게 달리며 세로로 주름이 진다. 꽃은 3-7개가 총상꽃차례에 달리며, 붉은보라색이다. 꽃줄기는 높이 30-70cm이며, 가늘고 단단하고, 자줏빛을 띠기도 한다. 꽃침잎과 곁꽃잎은 좁은 타원형이며, 길이 2.5-3.0cm, 폭 6-8mm이다. 입술꽃잎은 둥근 쐐기 모양이며, 가장자리가 안으로 굽고, 끝이 3갈래로 갈라진다. 입술꽃잎의 가운데 조각은 원형이며, 가장자리가 물결 모양이다. 암술대는 길이 2cm이다.

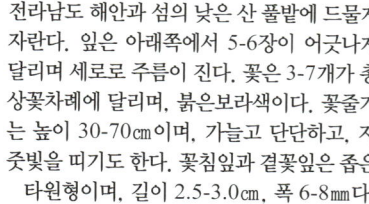

생육지	풀밭
식물형	여러해살이풀
크 기	30-60cm
개화기	5월
결실기	8-10월

꽃받침잎
곁꽃잎
꽃받침잎
곁꽃잎
꽃받침잎
꽃받침잎
입술꽃잎
입술꽃잎

은대난초

Cephalanthera longibracteata Blume

숲 속에 흔하게 자란다. 수염뿌리가 발달한
다. 줄기는 곧추서며, 위쪽에 털이 난다. 잎
은 3-8장이 어긋나며 가장자리와 뒷면 잎줄
위에 털이 난다. 꽃은 줄기 끝 총상꽃차례에
5-10개씩 달리며, 흰색이고, 활짝 벌어지지
않는다. 꽃싸개잎은 선형 또는
넓은 선형이며, 아래쪽의
1-2장은 꽃차례보다 길다.
꽃받침잎은 3장이며,
꽃잎 같고, 길이
10-12mm다. 꽃잎은
꽃받침잎보다 짧다.
입술꽃잎은 아래쪽이
둔하고 짧으며, 끝이
넓어져 심장 모양으로
된다.

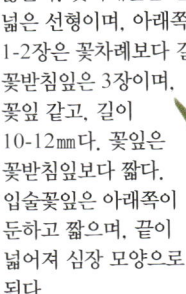

꽃받침잎

입술꽃잎

꽃잎

꽃잎

긴 꽃싸개잎

생육지	숲 속
식물형	여러해살이풀
크 기	30-40cm
개화기	5-6월
결실기	6-8월

보춘화

Cymbidium goeringii (Rchb. fil.) Rchb. fil.
멸종위기종

뿌리는 여러 개가 사방으로 길게 뻗으며, 흰색
이다. 잎은 상록이며, 밑에서 모여나고 가장
자리에 가는 톱니가 있어 까칠까칠하다. 꽃
은 줄기 끝에서 1개씩 옆을 향해 피며, 노란빛
이 도는 녹색이다. 꽃줄기는 높이 10-25㎝이
며, 몇 개의 연둣빛이 나는 막질 엽초에 싸인
다. 이른 봄에 꽃이 피어 '봄을 알리는 꽃'이라
는 뜻의 우리말 이름이 붙여졌으며, '춘란'이
라고도 한다. 동해안과 서해안을 따라서
각각 강원도 삼척과 황해도
까지 분포하지만 내륙으로는
경상북도 문경 부근까지만
올라온다.

꽃받침잎

겉꽃잎

입술꽃잎

생육지	숲 속
식물형	여러해살이풀
크 기	20-50㎝
개화기	3-5월
결실기	7-9월

광릉요강꽃

Cypripedium japonicum Thunb.

멸종위기종

경기도, 강원도, 전라북도의 숲 속에 매우 드
물게 자란다. 잎은 줄기 위쪽에 2장이 가까이
붙어서 달리며, 지름 10-20㎝다. 꽃은 줄기
끝 꽃자루에 밑을 향해 1개씩 달리며, 지름
8㎝쯤이다. 꽃자루는 길이 15㎝쯤이며, 털이
많고, 위쪽에 꽃싸개가 1장 있다. 입술꽃잎은
주머니 모양이며, 흰색 바탕에 붉은 줄무늬가
있다. 열매는 삭과다. 입술꽃잎 모양이 '요강'
을 닮았고, 경기도 광릉에서 처음 발견되어
우리말 이름이 붙여졌다. 잎이 달린
모습이 치마를 펼친 것 같아
'치마난초'라고도
부른다.

꽃싸개잎
꽃받침잎

곁꽃잎

꽃봉오리

입술꽃잎

생육지 **숲 속**
식물형 **여러해살이풀**
크 기 **20-40㎝**
개화기 **4-5월**
결실기 **8-10월**

개불알꽃

Cypripedium macranthum Sw.
멸종위기종

제주도와 울릉도를 제외한 전국의 산에 드물 게 자란다. 뿌리줄기는 짧고, 옆으로 뻗으며, 뿌리는 조금 굵고 단단하다. 줄기는 곧추서 며, 털이 있다. 잎은 줄기에 3-5장이 어긋나며 거친 털이 있다. 꽃은 줄기 끝에 1개씩 피며, 연한 분홍색 또는 붉은보라색이다. 위쪽 꽃받 침잎은 넓은 달걀 모양이고, 아래쪽 꽃받침잎 은 서로 붙어서 끝만 2갈래로 된다. 곁꽃잎 2장은 끝이 뾰족하고, 입술꽃잎은 주머니 모양이다. 털개불알꽃은 꽃이 보다 작고, 입술 꽃잎에 얼룩무늬 가 있으므로 구분된다.

씨방

꽃받침잎

꽃싸개잎

입술꽃잎

곁꽃잎

생육지	높은 산의 풀밭과 숲 속
식물형	여러해살이풀
크 기	30-50cm
개화기	5-6월
결실기	7-9월

주름제비난

Gymnadenia camtschatica (Cham.)
멸종위기종 Miyabe et Kudo

울릉도, 강원도 삼척, 북부지방의 높은 산에
자라는 북방계 식물이다. 해외에는 일본, 캄차
카, 사할린 등지에 분포한다. 뿌리는 1개가 굵
어진다. 줄기는 곧추서며, 위쪽에 능선이
있다. 잎은 줄기에 4-10장이 어긋
나게 달리며 가장자리는 물결
모양으로 주름진다. 꽃은 길이
5-15cm의 총상꽃차례에 피며,
연한 붉은색 또는 흰색이다.
꽃싸개는 녹색이며, 피침형
이다. 꽃받침잎에 잎줄이 3개
있다. 곁꽃잎은 꽃받침잎
보다 짧다. 입술꽃잎은
꽃받침잎보다 길고, 끝이
3갈래로 갈라진다.

총상꽃차례

생육지	높은 산의 숲 속
식물형	여러해살이풀
크 기	50-100cm
개화기	5-6월
결실기	7-9월

입술꽃잎

꽃뿔

나도제비난

Orchis cyclochila (Franch. et Sav.) Maxim.
멸종위기종

습기가 많은 고산지대에 드물게 자란다. 줄기는 곧추서며, 털이 없다. 잎은 보통 1장이 줄기 아래쪽에서 나며 밑이 줄기를 감싼다. 꽃은 수상꽃차례에 보통 2개가 달리지만 5개까지도 달리며, 연한 분홍색 또는 드물게 흰색이다. 꽃싸개는 녹색이며, 길이 1.0-2.5㎝다. 꽃받침잎은 넓은 피침형이며, 위의 것은 서고, 옆의 것은 비스듬히 퍼진다. 곁꽃잎은 피침형이며, 꽃받침잎보다 조금 짧다. 입술꽃잎은 넓은 달걀 모양이며, 끝이 3갈래로 갈라지고, 검붉은 보라색 반점이 많다.

꽃받침잎

곁꽃잎

입술꽃잎

생육지	높은 산의 습지
식물형	여러해살이풀
크 기	10-15㎝
개화기	5-6월
결실기	8-10월

감자난초

Oreorchis patens (Lindl.) Lindl.

위구경은 달걀 모양으로 길이 1.5-2.0㎝다.
잎은 보통 1-2장이며 양끝이 뾰족하다. 묵은
잎은 겨울에도 죽지 않고 남아 있으며, 봄에
새잎이 난다. 꽃은 총상꽃차례에 많이 달리
며, 노란색이 도는 갈색이다. 꽃줄기는 높이
30-50㎝이고, 꽃차례는 길이 10-20㎝다. 입
술꽃잎은 꽃받침잎과 길이가 같으며, 흰색
바탕에 반점이 있다. 입술
꽃잎은 아래쪽에서 3갈래
로 갈라지며, 양쪽의
갈래는 피침형이고,
가운데 갈래는 쐐기
모양이다.

총상꽃차례

입술꽃잎

꽃받침잎

꽃자루

생육지	숲 속
식물형	여러해살이풀
크 기	20-40㎝
개화월	5-6월
결실월	8-9월

각과 角果, silicle 익으면 벌어지는 마른 열매의 하나. 얇은 막으로 구분되는 두 개의 세포로 되어 있으며, 길이가 폭의 두 배 이하로서 짧다. 십자화과의 말냉이속과 다닥냉이속 식물에서도 볼 수 있다.

견과 堅果, nut 열매껍질이 단단하여 다 익어도 벌어지지 않는 열매. 참나무속, 밤나무속 식물에서 볼 수 있다.

겹산방꽃차례 compound corymb 산방꽃차례가 몇 개 모여서 이루어진 꽃차례. 복산방화서라고도 한다.

겹산형꽃차례 compound umbel 산형꽃차례가 몇 개 모여서 이루어진 꽃차례. 복산형화서라고도 한다.

겹총상꽃차례 compound raceme 총상꽃차례가 몇 개 모여서 이루어진 꽃차례. 복총상화서複總狀花序라고도 부른다.

겹잎 compound leaf 작은잎 여러 장으로 이루어진 잎. 복엽複葉이라고도 한다.

곁꽃잎 lateral petal 난초과 및 제비꽃과 식물의 꽃잎 가운데 옆으로 벌어지는 두 개. 측화판側花瓣이라고도 한다.

골돌 follicle 열매의 종류 가운데 하나. 심피가 융합된 봉합선이 터져서 씨앗이 나온다. 매발톱꽃, 너도바람꽃, 조팝나무 등에서 볼 수 있다.

관모양꽃 tubular flower 국화과 식물의 머리모양꽃을 이루는 관 모양으로 생긴 꽃. 혀모양꽃에 비해서 꽃잎이 길게 발달하지 않는다. 관상화管狀花라고도 한다.

권산꽃차례 scorpioid 꽃이 한쪽 방향으로 달리며, 끝이 나선상으로 둥그렇게 말리는 꽃차례. 컴프리 등에서 볼 수 있다. 권산화서라고도 한다.

귀화식물 naturalized plant 외국에서 사람의 활동에 의해 들어온 후에 스스로 번식하며 사는 식물. 미국자리공, 돼지풀 등이 그 예다.

기는줄기 stolon 땅 위로 뻗는 줄기. 딸기, 벋음씀바귀, 달뿌리풀 등에서 볼 수 있다. 포복경匍匐莖이라고도 한다.

기판 旗瓣, vexillum 콩과식물의 꽃잎 가운데 가장 크고, 위쪽에 달려 있는 것. 받침꽃잎이라고도 한다.

깃꼴겹잎 pinnately compound leaf 국화과 식물의 머리모양꽃

꼬리모양꽃차례 ament, catkin 꽃자루가 거의 없는 암꽃 또는 수꽃이 모여 이삭꽃차례 모양을 이룬 꽃차례. 버드나무, 졸참나무, 밤나무, 개암나무 등에서 볼 수 있다. 유이화서라고도 한다.

꽃대 peduncle 독립된 하나의 꽃이 는 꽃차례의 여러 개 꽃을 달고 있는 줄기. 이 책에서는 후자의 경우에 이 용어를 주로 사용했다. 꽃차례에서 각각의 꽃은 꽃자루에 의해서 꽃대와 연결된다. 화경花梗이라고도 한다.

꽃받침잎 sepal 꽃받침을 이루는 조각. 꽃받침이 몇 개의 조각으로 서로 떨어져 있거나 뚜렷하게 갈라진 경우에 쓰는 용어다. 꽃받침조각 또는 악편萼片이라고도 한다.

꽃뿔 spur 꽃잎 또는 꽃받침이 꽃 뒤쪽으로 새의 부리처럼 길게 나온 것. 보통 안에 꿀이 들어 있다. 현호색, 제비고깔, 제비꽃 등에서 볼 수 있다. 거距라고도 한다.

꽃싸개잎 bract 꽃 밑에 달리는 잎 모양의 부속체. 꽃을 보호하는 역할을 하는 경우가 많으며, 잎이 변해서 된 것이다. 포苞 또는 포엽苞葉이라고도 한다.

꽃자루 pedicel 꽃차례에서 각각의 꽃을 받치고 있는 자루. 꽃꼭지 또는 소화경小花梗이라고도 한다.

꽃줄기 scape 꽃을 피우기 위해 뿌리에서 바로 올라온 원줄기. 잎이 달리지 않는다. 매미꽃, 민들레, 붓꽃 등에서 볼 수 있다.

꽃차례 inflorescence 꽃이 줄기나 가지에 배열되는 모양 또는 배열되어 있는 줄기나 가지 그 자체. 화서花序라고도 한다.

난형 卵形, ovate 달걀처럼 생긴 모양. 달걀꼴. 잎, 꽃잎, 꽃받침, 열매 등의 모양을 표현할 때 사용하는 용어다.

단체웅예 單體雄蕊, monadelphous stamen 수술이 모두 합쳐져서 하나의 몸으로 된 수술. 아욱, 무궁화 등에서 볼 수 있다.

덩굴나무 vine 덩굴지어 자라는 나무. 만경식물蔓莖植物이라고도 한다.

덩이뿌리 tuberous root 덩이 모양으로 된 뿌리. 만주바람꽃, 고구마 등에서 볼 수 있으며, 영양분을 저장하기 위한 기관이다. 괴근塊根이라고도 한다.

덩이줄기 tuber 덩이 모양으로 된 땅속줄기. 감자, 현호색 등에서 볼 수 있다. 줄기가 가지고 있어야 하는 잎, 마디, 싹눈 등이 변형된 형태를 갖추고 있다. 괴경塊莖이라고도 한다.

도란형 到卵形, obovate 달걀을 거꾸로 세운 모양. 거꿀달걀꼴이라고도 한다.

도피침형 倒披針形, oblanceolate 피침형이 뒤집혀진 모양. 잎의 모양을 설명하는 용어다.

돌려나기 whorled 하나의 마디에 세 개 이상의 잎, 줄기, 꽃이 바퀴 모양으로 나는 일. 돌려나는 잎은 삿갓나물, 말나리 등에서 볼 수 있다. 윤생輪生이라고도 한다.

땅속줄기 subterranean stem 땅속에 있는 여러 종류의 줄기를 모두 이르는 말. 지하경地下莖이라고도 한다.

떨기나무 shrub 높이가 0.7-2.0m에 이르며, 가지가 많이 갈라지는 나무. 만병초, 들쭉나무, 호자나무 등이 그 예다. 관목灌木이라고도 한다.

마주나기 opposite 잎이 하나의 마디에 두 개가 마주 붙어남. 대생對生이라고도 한다.

머리모양꽃 head 꽃대 끝의 둥근 판 위에 꽃자루가 없는 작은 꽃이 많이 모여 달려서 머리 모양처럼 된 꽃. 민들레, 국화 등에서 볼 수 있다. 두상화頭狀花라고도 한다.

머리모양꽃차례 head 여러 개의 꽃이 꽃대 끝에 모여 머리 모양을 이루어 한 송이의 꽃처럼 보이는 꽃차례. 두상화서頭狀花序라고도 한다.

모인꽃싸개 involucre 국화과나 산형과 식물의 꽃 아래쪽을 둘러싸고 있는 비늘 조각들의 모임. 총포總苞라고도 한다.

무성지 無性枝 꽃이 피지 않는 줄기. 괭이눈속 식물 등에서 볼 수 있다.

배상꽃차례 cyathium 대극속 식물에서 볼 수 있는 특수한 꽃차례. 술잔 모양의 총포 안에 많은 수꽃이 있고, 한 개의 암꽃은 밖으로 길게 나옴. 배상화서杯狀花序라고도 한다.

분과 分果, schizocarp 한 씨방에서 만들어지지만 서로 분리된 두 개 이 상의 열매로 발달하는 열매. 산형과 식물에서 주로 볼 수 있다. 분열과分 裂果라고도 한다.

불염포 佛焰苞, spathe 육수꽃차례를 싸고 있는 포. 앉은부채, 반하, 토란 등 천남성과 식물에서 볼 수 있다.

비늘줄기 bulb 땅속줄기의 하나로서 짧은 줄기 둘레에 양분을 저장하여 두껍게 된 잎이 많이 겹쳐 구형, 타원 형, 난형을 이룬 것. 양파, 산달래, 말 나리 등에서 볼 수 있다. 인경鱗莖이 라고도 한다.

뿌리잎 radical leaf 뿌리에서 돋아낸 잎. 근출엽根出葉 또는 근생엽根生 葉이라고도 함.

뿌리줄기 root stock 땅속에서 뿌리 처럼 뻗는 땅속줄기의 한 종류. 줄기 가 변형된 것으로서 마디에서 뿌리 가 나며, 끝 부분에서 새 줄기가 돋기 도 하므로 무성생식의 한 방법이 된 다. 연꽃, 둥굴레 등에서 볼 수 있다. 근경根莖이라고도 한다.

사강웅예四强雄蕊, tetradynamous stamen 여섯 개 가운데 두 개는 짧 고, 네 개는 긴 수술. 십자화과 식물 의 꽃에서 볼 수 있다.

삭과蒴果, capsule 익으면 열매껍질 이 말라 쪼개지면서 씨를 퍼뜨리는, 여러 개의 씨방으로 된 열매.

산방꽃차례 corymb 꽃차례의 아래 쪽 꽃은 꽃자루가 길고, 위쪽 꽃은 꽃 자루가 짧아서 서로 같은 높이에서 피는 꽃차례. 산방화서라고도 한다.

산형꽃차례 umbel 많은 꽃자루가 꽃 대 끝에서 나와, 그 마디마다 꽃이 하 나씩 붙는 꽃차례. 미나리, 파 등에서 볼 수 있다. 산형화서繖形花序라고 도 한다.

소견과 小堅果, nutlet 견과처럼 생 긴 작은 열매. 지치, 꽃마리, 금창초 등 에서 볼 수 있다.

수과瘦果, achene 씨앗이 하나 들어 있으며, 익어도 벌어지지 않는 열매.

수꽃 staminate flower 수술은 완 전하지만 암술은 없거나 흔적만 있 는 꽃.

시과 翅果, samara 열매껍질이 자라

서 날개처럼 되어 바람에 흩어지기 편리하게 된 열매. 단풍나무, 미선나무, 쇠물푸레 등에서 볼 수 있다.

씨방 ovary 암술대 밑에 붙은 통통한 주머니 모양의 부분. 그 속에 밑씨가 들어 있다. 자방子房이라고도 한다.

암꽃 pistillate flower 암술만 있고 수술이 없는 꽃.

암수딴그루 dioecious 나무 가운데 암꽃과 수꽃이 각각 다른 그루에 피는 것을 일컫는 말. 자웅이주雌雄異株 또는 자웅이가雌雄二家라고도 한다.

암수딴포기 dioecious 풀 가운데 암꽃과 수꽃이 각각 다른 포기로 피는 것을 일컫는 말. 자웅이주雌雄異株 또는 자웅이가雌雄二家라고도 한다.

양성꽃 bisexual flower, perfect flower 암술과 수술을 모두 갖춘 꽃. 양성화兩性花 또는 구비화具備花라고도 한다.

어긋나기 alternate 잎이나 가지가 마디마다 방향을 달리하여 어긋맞게 나는 일. 호생互生이라고도 한다.

영양줄기 sterile stem 쇠뜨기에서 볼 수 있는 녹색의 줄기. 포자낭이 달리지 않으며, 엽록소가 있어 광합성을 한다. 영양경營養莖이라고도 한다.

우산털 pappus 민들레, 엉겅퀴 같은 국화과 식물의 열매 끝 부분에 달린 우산 모양의 털. 꽃받침이 변한 것으로 씨앗이 멀리 날아갈 수 있도록 한다. 관모冠毛라고도 한다.

원추꽃차례 panicle 주축에서 갈라져 나간 가지가 총상꽃차례를 이루어 전체가 원뿔꼴이 되는 꽃차례. 주축의 아래쪽 가지는 크고 길며, 위로 갈수록 작아지므로 전체가 원뿔꼴이 된다. 원추화서圓錐花序라고도 한다.

위구경 僞球莖, pseudobulb 구근球根 모양으로 지상으로 비대하게 자라난 근경根莖. 해면조직으로 양분과 수분을 저장한다.

육수꽃차례 spadix 육질의 꽃대 주위에 꽃자루가 없는 작은 꽃이 많이 달리는 꽃차례. 천남성과 식물에서 볼 수 있다. 육수화서肉穗花序라고도 한다.

육아 肉芽, fleshy bud, bulblet 잎겨드랑이에 생기는 다육질의 눈. 어미식물에서 쉽게 땅에 떨어져서 무성적으로 새 개체가 된다. 참나리, 마, 말똥비름 등에서 볼 수 있다. 살눈 또는 주아珠芽라고도 한다.

이과 梨果, pome 꽃턱이나 받침통이 다육질의 살로 발달하여, 응어리가 된 씨방과 그 안쪽의 씨앗을 싸고 있는 열매. 배, 사과에서 볼 수 있다.

이삭꽃차례 spike 한 개의 긴 꽃대 둘레에 꽃자루가 없는 여러 개의 꽃이 이삭 모양으로 피는 꽃차례. 수상화서穗狀花序라고도 한다.

익판 翼瓣, wings 콩과 식물의 나비모양 꽃에서 양쪽에 있는 두 장의 꽃잎. 날개꽃잎이라고도 한다.

잎몸 leaf blade 잎의 넓은 부분. 엽신葉身이라고도 한다.

잎줄기 rachis 겹잎의 주축을 이루는 줄기. 이 줄기에 작은잎이 달린다. 엽축葉軸이라고도 한다.

작은잎 leaflet 겹잎을 이루는 각각의 잎. 소엽小葉이라고도 한다.

작은키나무 subarbor 키나무 가운데 키가 작은 것으로서 높이 2-8m에 이르는 나무. 떨기나무와 큰키나무 중간 높이로 자란다. 아교목亞喬木이라고도 한다.

장각 長角, silique 익으면 벌어지는 마른 열매의 하나. 얇은 막으로 구분되는 두 개의 세포로 되어 있으며, 길이가 폭의 두 배 이상으로서 길다. 십자화과의 장대나물, 는쟁이냉이 등에서 볼 수 있다.

장과 漿果, berry 살과 물이 많고 속에 씨가 여러 개 들어 있는 열매. 산앵도나무, 포도, 까마중 등이 그 예다.

장미과 薔薇果, cynarrhodium 장미속 식물의 열매. 꽃턱이 둥글게 다육질로 커졌으며, 내부에 씨앗처럼 보이는 것이 각각 수과의 열매다.

총상꽃차례 raceme 긴 꽃대에 꽃자루가 있는 여러 개의 꽃이 어긋나게 붙어서 밑에서부터 피기 시작하는 꽃차례. 총상화서總狀花序라고도 한다.

총포 總苞, involucre 꽃이나 열매를 둘러싸고 있는 잎이 변형된 조각 또는 조각들. 개암나무의 열매를 싸고 있는 것이 그 예다. 이 책에서는 국화과 식물의 꽃을 싸고 있는 조각들의 모임에 모인 꽃싸개라는 용어를 사용했다.

취과 聚果, aggregate fruit 심피나

화탁이 다육질로 되고 그 위에 작은 핵과가 많이 달리는 열매. 산딸기속 식물에서 볼 수 있다.

취산꽃차례 cyme 유한 꽃차례의 하나. 먼저 꽃대의 끝에 꽃이 한 송이 피고, 그 밑의 가지 끝에 다시 꽃이 피고, 거기에 다시 가지가 갈라져 끝에 꽃이 핀다. 취산화서聚散花序라고도 한다.

키나무 tree 높이 8m 이상 되는 나무. 큰키나무 또는 교목喬木이라고도 한다.

턱잎 stipule 잎자루 밑에 쌍으로 난 부속체. 보통 잎 모양이며 서로 붙어 있다. 탁엽托葉이라고도 한다.

특산식물 特産植物, endemic plant 어느 지방에서만 특별하게 자라는 식물. 고유식물固有植物이라고도 한다.

포자낭 胞子囊, sporangium 포자를 싸고 있는 주머니 모양의 기관.

핵과核果, drupe 살이 발달하며 씨가 단단한 핵으로 싸여 있는 열매. 복숭아나무, 살구나무 등에서 볼 수 있다.

혀모양꽃 ligulate flower 관모양꽃과 함께 두상꽃을 이루는, 화관이 혀처럼 길쭉한 꽃. 설상화舌狀花라고도 한다.

협과英果, legume 콩과 식물의 열매. 하나의 심피로 되어 있으며, 익으면 두 줄로 터져서 씨앗이 튀어나온다.

홀수깃꼴겹잎 odd-pinnate leaf 끝부분에 짝이 없는 작은잎이 한 장 있는 깃꼴겹잎. 아까시나무, 옻나무 등에서 볼 수 있다. 기수우상복엽奇數羽狀複葉이라고도 한다.

홑잎 simple leaf 한 장의 잎사귀로 된 잎. 단엽單葉이라고도 한다.

화관 花冠, corolla 꽃 한 송이의 꽃잎 전체를 이르는 말. 이 책에서는 주로 꽃잎이 서로 붙어 있는 꽃을 설명할 때 사용하며. 꽃부리라고도 한다.

화피 花被, perianth 꽃잎과 꽃받침이 서로 비슷하여 구별하기 어려울 때 이들을 모두 합쳐 이르는 말. 꽃덮이 또는 꽃덮개라고도 하지만 의미가 잘 통하지 않는다.